高等职业教育"互联网+"新形态一体化系列教材
智能制造领域高素质技术技能型人才培养教材

Muju CAM

模具CAM

主　编◎徐华俊　汤　萍　许　强

副主编◎方俊芳　刘　杨

参　编◎郑　鑫　郑传现　赵美云

华中科技大学出版社
http://press.hust.edu.cn
中国·武汉

图书在版编目(CIP)数据

模具 CAM/徐华俊,汤萍,许强主编. —武汉:华中科技大学出版社,2023.7
ISBN 978-7-5680-9843-4

Ⅰ.①模… Ⅱ.①徐… ②汤… ③许… Ⅲ.①模具-计算机辅助设计-AutoCAD 软件
Ⅳ.①TG76-39

中国国家版本馆 CIP 数据核字(2023)第 140960 号

模具 CAM

Muju CAM

徐华俊　汤　萍　许　强　主编

策划编辑：张　毅

责任编辑：郭星星

封面设计：孢　子

责任监印：朱　玢

出版发行：华中科技大学出版社(中国·武汉)　　电话：(027)81321913
　　　　　武汉市东湖新技术开发区华工科技园　　邮编：430223

录　　排：武汉创易图文工作室

印　　刷：武汉市洪林印务有限公司

开　　本：787mm×1092mm　1/16

印　　张：11.5

字　　数：287 千字

版　　次：2023 年 7 月第 1 版第 1 次印刷

定　　价：59.00 元

UG(Unigraphics)在航空航天、汽车、通用机械、工业设备、医疗器械,以及其他高科技应用领域得到了广泛的应用。NX-CAM 是整个 NX 系统的一部分,它以三维主模型为基础,具有强大可靠的刀具轨迹生成方法,可以完成铣削(2.5~5 轴)、车削、线切割等的编程。NX-CAM 是模具数控行业最具代表性的数控编程软件之一,最大的特点就是生成的刀具轨迹合理、切削负载均匀、适合高速加工。另外,加工过程中的模型、加工工艺和刀具管理,均与主模型相关联,主模型更改设计后,系统只需重新计算即可重新编程,所以,NX 编程的效率非常高。

对于 CAM 加工的基础应用,本书分为 CAM 加工基础、三轴加工、四轴加工、五轴加工等项目,讲解了 NX-CAM 模块中各参数的具体含义及其用法,将实例操作和方法有机统一,使本书内容既有操作上的针对性,也有方法上的普遍性。本书图文并茂,讲解深入浅出、避繁就简、贴近工程,把众多专业知识点和软件知识点有机地融合到每个项目的具体任务中。

本教材既可以作为大中专院校和各类培训学校的 CAD/CAM 实训教材,还可作为制造行业工程技术人员岗位培训和自学的参考书籍。

本教材由安徽水利水电职业技术学院徐华俊、汤萍、许强担任主编,安徽水利水电职业技术学院方俊芳、刘杨、郑鑫、郑传现和铜陵职业技术学院赵美云参与了教材的编写工作。具体编写分工如下:徐华俊编写项目 2 任务 2.1~任务 2.4,汤萍编写项目 1,许强编写项目 3 和项目 4 任务 4.1~任务 4.2,方俊芳、刘杨编写项目 2 任务 2.5,郑鑫、郑传现编写项目 4 任务 4.3,赵美云编写项目 2 任务 2.6,全书由徐华俊负责统稿。

尽管我们在教材的特色建设方面做出了许多努力,但限于编者水平,书中仍可能存在疏漏之处,恳请各教学单位和读者多提宝贵意见和建议。

编　者
2023 年 4 月

目录 MULU

项目 1

CAM加工基础

项目描述

随着经济水平的发展,市场对于各类产品的美观度提出更高的要求,这要求企业提高模具零件的加工水平,CAM(计算机辅助制造)软件的普及很好地解决了这一难题。本项目介绍了 CAM 软件加工的基础知识,覆盖 CAM 软件的功能、基本概念等基础内容。

学习目标

(1)理解 CAM 软件编程中各种坐标系的概念、设置方法;
(2)理解机床坐标系、工件坐标系的概念;
(3)熟悉切削用量三要素的定义和选择原则;
(4)熟悉数控刀具类型。

素质目标

(1)能够针对不同形状零件设置合理的加工坐标系;
(2)能够根据加工要求合理选择切削参数;
(3)能够根据加工要求选择合适的加工刀具。

项目导入

NX 是当前世界最先进的、面向先进制造行业的、紧密集成的 CAD/CAM/CAE 软件系统,提供了产品设计、分析、仿真、数控程序生成等一整套解决方案。NX-CAM 是整个 NX 系统的一部分,它以三维主模型为基础,具有强大可靠的刀具轨迹生成方法,可以完成铣削(2.5~5 轴)、车削、线切割等的编程。NX-CAM 是模具数控行业最具代表性的数控编程软件,最大的特点就是生成的刀具轨迹合理、切削负载均匀、适合高速加工。

◀ 任务 1.1 认识 CAM 软件 UG NX ▶

【情境导入】

数控加工编程技术是随着数控机床的发展而发展的,大致经历了三个阶段:手工编程阶段、APT 语言编程阶段、交互式图形编程阶段(使用编程软件)。数控加工编程离不开编程软件,编程软件就是通过交互式图形而编制加工程序的一种工具,而这些加工程序就是控制数控机床运动的一种代码。当今世界上数控编程软件众多,且各有特点,但其核心功能基本相同。

【任务要求】

通过本任务学习,需要达到以下学习要求:
(1)理解 CAM 技术的含义;
(2)了解常用的 CAM 软件的种类及其应用;
(3)掌握 UG NX 软件的基本功能、操作。

【知识准备】

计算机辅助设计(computer aided design,CAD)与计算机辅助制造(computer aided manufacture,CAM)技术简称 CAD/CAM,是 20 世纪 70 年代开始广泛应用于工业自动化和航空航天领域的高科技,极大地提高了生产效率。

下面介绍实际工作中常用的几种编程软件。

①UG (Unigraphics):具有强大的造型能力和编程能力,是一款高度集成的、面向制造行业的 CAID/CAD/CAE/CAM 高端软件。该软件闻名于 CAD/CAM/CAE 领域,在航天、航空、汽车、机械制造等领域有着极其广泛的应用。其中 UG CAM 更是以功能丰富、高效率、高可靠性而著称于世,从 2.5 轴/3 轴到高速加工再到多轴加工,UG CAM 提供了 CNC 铣削所需要的完整方案,并长期在 CAM 领域处于领先地位。目前,UG 在国内普及速度很快,为众多大中型公司的首选软件。

②Cimatron:由以色列 Cimatron 公司开发,早期版本是 Cimatron it 系列,现在比较流行的是基于 Windows 平台的 Cimatron E 系列,其特点是操作简便、学习简单、经济实用,受到小型企业的欢迎,在我国沿海地区有着广泛的应用。

③MastCAM:美国 CNC Software 公司研制开发的 CAD/CAM 系统,是一种小型软件。

④Powermill:号称是世界上加工策略最丰富的数控编程软件,是一款 CAM 与 CAD 完全分离的单纯的编程软件,这是与其他传统软件最大的不同点。

⑤CATIA:是法国达索系统公司开发的 CAD/CAE/CAM 一体化软件,也是一款高端软件,在汽车行业使用较多。

【任务实施】

一、UG CAM 模块

Unigraphics(简称 UG)CAM 模块是基于 UG 的编程工具,该功能模块具有 25 年以上的实际加工应用经验,被广泛地应用于机械、汽车、模具、航空、航天、消费电子等加工领域。

双击 UG 软件图标,即可进入 UG 主界面,如图 1-1-1 所示。

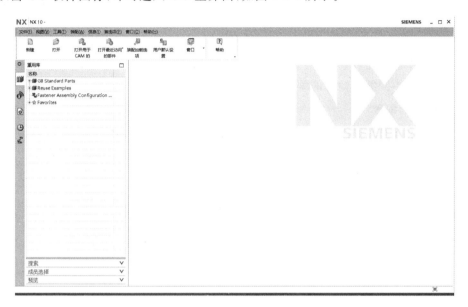

图 1-1-1　NX 10.0 主界面

UG CAM 的主要功能是承担交互式图形编程(NC 编程)的任务,即针对已有的 CAD 模型所包含的产品表面几何信息,进行数控加工刀位轨迹的自动计算,完成产品的加工制造,从而在仿真环境中实现产品设计者的设计构想,达到所见即所得的效果。

UG CAM 同时提供了以铣削加工为主的多种加工方法,包括 2～5 轴铣削加工、2～4 轴车削加工、电火花线切割加工和点位加工等。UG CAM 可以进行交互式编程,从自动粗加工到用户定义的精加工,在计算机的仿真环境中实现产品设计者的设计构想,同时可以对铣、钻、车及线切割刀轨进行后处理,从而形成一个功能强大的加工模块。根据操作的方法和内容,UG CAM 模块涵盖以下子模块:

①UG/CAM Base(基础模块);

②UG/Post Processing(后处理模块);

③UG/Lathe(车削模块);

④UG/Core & Cavity Milling(型芯和型腔铣模块);

⑤UG/Fixed-Axis Milling(固定轴铣模块);

⑥UG/Flow Cut(流通切削-半自动清根模块);

⑦UG/Variable Axis Milling(可变轴铣模块);

⑧UG/Sequential Milling(顺序铣模块);

⑨UG/Wire EDM(线切割模块);

⑩UG/Graphical Tool Path Editor(图形刀轨编辑器)。

二、加工环境设置

1. 加工环境概述

每次进入 UG 的加工模块进行编程工作时,UG CAM 会自动分配一个操作设置环境,即 UG 的加工环境。数控铣、数控车、数控电火花线切割编程都可以利用 UG CAM 进行编程,仅仅 UG CAM 的数控铣就可以实现平面铣、型腔铣、固定轴轮廓铣等不同类型的加工形式。

操作人员可以根据需要对 UG 的加工环境进行定制和选择,在实际工作中,每个编程人员所从事的工作往往比较单一,很少用到 UG CAM 的所有功能。通过定制加工环境,每个用户都可以拥有不同的个性化的编程软件环境,从而提高工作效率。

2. CAM 会话配置

各种 CAM 会话配置内容见表 1-1-1,它用来定义可用的 CAM 设置部件(模板)。不同的 CAM 会话配置适合于不同的加工需求。默认情况下的 CAM 会话配置为 cam_general,它提供通用的车削、三轴和多轴铣钻削、电火花线切割的加工编程功能。用户可以单击"浏览配置文件"按钮,指定一个自定义的 CAM 会话配置。

表 1-1-1　各种 CAM 会话配置内容

CAM 会话配置	设置说明
cam_express	该配置包括 ASCII 库中的所有 CAM 设置:general,mill,turning,mill_turn,hole_making,wedm,legacy,inch,metric,express 和 tool building,它是 CAM 基本功能的默认值
cam_express_part_planner	该配置包括 Teamcenter Manufacturing 库中的所有 CAM 设置,必须在 Teamcenter 环境下运行 UG NX 8.0 以上版本才有效
cam_general	该配置包括的 CAM 设置有 mill_planar,mill_contour,mill_multi-axis drill,machining_knowledge,hole_making,turning,wire_edm,probing,solid_tool,它是默认的 CAM 会话配置,包括所有通用的加工功能
cam_library	该配置包括 ASCII 库中的所有 CAM 设置:general,mill,turning,mill_turn,hole_making,wedm,legacy,inch,metric,express 和 tool building
cam_part_planner_library	该配置包括 Teamcenter Manufacturing 库中的所有 CAM 设置,必须在 Teamcenter 环境下运行 UG NX 8.0 以上版本才有效
feature_machining	该配置包括的 CAM 设置有 machining_knowledge,mill_feature,hole_making,mill_planar,mill_contour,drill,turning 和 wire_edm,它一般应用于特征加工

续表

CAM 会话配置	设置说明
hole_making	该配置包括的 CAM 设置有 machining_knowledge，hole_making，mill_feature，mill_planar，mill_contour 和 drill，它一般应用于孔加工
hole_making_mw	该配置包括的 CAM 设置有 hole_making，hole_making_mw，mill_planar，mill_contour 和 drill，它一般应用于模具的孔加工
lathe	该配置包括的 CAM 设置仅有 turning，它一般应用于车削加工
lathe_mill	该配置包括的 CAM 设置有 turning，mill_planar，drill 和 hole_making，它一般应用于车削和铣削
mill_contour	该配置包括的 CAM 设置有 mill_contour，mill_planar，drill，hole_making，die_sequences 和 mold_sequences，它一般应用于模具顺序加工
mill_multi-axis	该配置包括的 CAM 设置有 mill_multi-axis，mill_multi blade，mill_contour，mill_planar，drill 和 hole_making，它一般应用于多轴加工
mill_planar	该配置包括的 CAM 设置有 mill_planar，drill 和 hole_making，它一般应用于平面加工
wire_edm	该配置包括的 CAM 设置有 wire_edm，它一般应用于电火花线切割加工

3. CAM 设置

在"要创建的 CAM 设置"列表框中列出了可以使用的 CAM 设置，不同的 CAM 会话配置包含不同的 CAM 设置。一种 CAM 设置确定了可以使用的加工类型、刀具类型、几何体类型、加工方法和操作顺序，表 1-1-2 列出了所有 CAM 设置的适用范围。一种 CAM 设置就是一个 NX 部件文件，常称为模板，用户可以单击"浏览设置部件"按钮，指定一个 NX 部件文件作为要创建的 CAM 设置。

表 1-1-2　CAM 会话配置

英文名称	中文名称	含义
mill_planar	平面铣	主要进行面铣削和平面铣削，用于移除平面层中的材料。这种操作最常用于粗加工，为精加工操作做准备，也可用于精加工型腔平面、垂直侧面
mill_contour	轮廓铣	轮廓铣是三轴铣削的主要功能，可切削带锥度壁和曲面的型腔，包括型腔铣、Z级深度加工、固定轴轮廓铣等，可用于粗加工、半精加工和精加工

续表

英文名称	中文名称	含义
mill_multi-axis	多轴铣加工	主要进行可变轴的曲面轮廓铣、顺序铣等。多轴铣是用于精加工由轮廓曲面形成的区域的加工方法,通过精确控制刀轴和投影矢量使刀轨着沿着指定多轴进行铣加工
drill	点钻	可创建钻孔循环、锉孔循环、攻螺纹等操作
hole_making	自动钻孔	自动钻孔加工编程
turning	车削	车削加工编程
wire_edm	线切割	电火花线切割加工编程
solid_tool	固体工具	可用于创建实体工具
die_sequences	冲模顺序	可用于按照冲模加工的特定加工序列进行加工
mold_sequences	模具顺序	可用于按照模具加工的特定加工序列进行加工
probing	测量	可用于测量
machining_knowledge	加工知识	可用于钻孔、镗孔、沉头孔的加工,以及型腔铣、面铣削和攻丝

三、加工环境进入

(1)启动 UG,打开一个不包含 CAM 数据的部件文件,即没有进行过加工操作的.prt 文件。

(2)单击" 启动·",在下拉框中选择"加工",如图 1-1-2 所示。

(3)在弹出的"加工环境"对话框中选择"cam_general"和"mill_contour"(图 1-1-3),完成 UG 加工环境的基本设置。

图 1-1-2 加工环境进入　　　　图 1-1-3 加工环境设置

【效果评价】

项目名称	CAM 加工基础	学生姓名	
任务名称	认识 CAM 软件 UG NX		
序号	考核项目	分值	考核得分
1	能简述 CAM 软件的类型	10	
2	会设置 UG 加工环境	40	
3	能正确描述 CAM 各会话配置模块的中英文含义	40	
4	学习汇报情况	5	
5	基本素养考核	5	
总体得分			

教师简要评语：

教师签名：

【任务思考】

1. 常用的 CAD/CAE/CAM 软件有哪些？

_____

_____

_____

_____

2. CAM 会话配置有几种？各有什么含义？

_____

_____

_____

_____

_____

◀ 任务1.2 机床坐标系、加工坐标系 ▶

【情境导入】

零件在加工中需要根据零件形状合理设置加工坐标系,UG 提供了丰富的坐标设置方法,操作者可以根据对刀方便的程度自由设置加工坐标系,如图 1-2-1 所示。

(a) 坐标位于上表面中心　　　　　(b) 坐标位于零件一角

图 1-2-1　加工坐标系的设置

【任务要求】

通过本任务学习,需要达到以下学习要求:
(1)理解加工坐标系和机床坐标系;
(2)掌握加工坐标系的设置方法;
(3)能设置复杂零件的加工坐标系;
(4)通过对刀操作,理解加工坐标系的设置原理。

【知识准备】

一、UG 中的坐标系概述

UG NX 在 UG CAM 的加工过程中,经常涉及的坐标系有六种:机床坐标系、绝对坐标系、工作坐标系、加工坐标系、参考坐标系、已存坐标系。

1. 机床坐标系

数控机床坐标系是机床上固有的坐标系,是机床加工运动的基本坐标系,也是考察刀具在机床上运动的基准坐标系,一般采用右手笛卡尔坐标系。机床坐标系的原点就是机床的原点或加工编程零点,其位置由生产厂家在出厂前调整好,用户是不可更改的。

2. 绝对坐标系(ACS)

绝对坐标系是系统内定的坐标系,不可更改,它是所有几何对象位置的绝对参考。

3. 工作坐标系(WCS)

工作坐标系在建模或加工过程中应用非常广泛,该坐标系在空间内是可以移动的。在图形区显示时,每根坐标轴用 C 做标志,如图 1-2-1 所示。需要注意的是,在加工过程中,当刀具轴不是 ZC 轴时,I、J、K 的值是相对于工作坐标系确定的。

4.加工坐标系(MCS)

加工坐标系是可以移动的,在部件加工过程中非常重要。经后处理的程序坐标值是相对于加工坐标系的原点位置确定的。在图形区显示时,每根坐标轴用 M 做标志,与工作坐标系相比,各坐标轴较长,如图 1-2-1 所示。选择主菜单"格式"→"MCS"→"显示"命令,即可切换加工坐标系在绘图区的显示状态。

5.参考坐标系(RCS)

参考坐标系是一个限制性的坐标系,一般用来做参照,默认位置在绝对坐标系位置。

6. 已存坐标系(SCS)

已存坐标系用来标识空间位置,一般只用来做参考。

在上述六种坐标系中,UG CAM 编程时主要关注加工坐标系(MCS)的设定,在建模过程中着重关注工作坐标系(WCS)的设定。在实际加工过程中,通过对刀操作将工件的加工坐标系(MCS)与机床坐标系进行一一对应,从而实现自动编程到实际加工的转换。

二、对刀

对刀的目的是通过刀具或对刀工具确定工件坐标系与机床坐标系之间的空间位置关系,并将对刀数据输入相应的存储器中。对刀是数控加工中最重要的操作内容,其准确性将直接影响零件的加工精度。对刀分为 X、Y 向对刀和 Z 向对刀。

1.对刀方法

根据现有条件和加工精度要求选择对刀方法,可采用试切法、寻边器对刀法、设定器对刀法和自动对刀法等。其中,试切法精度较低,加工中常用寻边器对刀法和 Z 轴设定器对刀法,效率高且能保证加工精度。

2.对刀注意事项

(1)根据加工要求选择合适的对刀工具,控制对刀误差。

(2)在对刀过程中,可通过改变微调进给量来提高对刀精度。

(3)对刀时需谨慎操作,防止刀具在移动的过程中碰撞工件。

(4)对刀数据一定要存储在与程序对应的存储地址中,防止因调用错误而产生严重后果。

【任务实施】

一、坐标系设置

(一)加工坐标系的设置

在 UG NX 10.0 的加工环境中,双击如图 1-2-2 所示的坐标系节点 MCS_MLL,打开"MCS 铣削"对话框,如图 1-2-3 所示。对话框中的⊥和⅄·图标均是用来改变加工坐标系方位的,下面分别进行介绍。

图 1-2-2　几何体操作导航器

图 1-2-3　"MCS 铣削"对话框

1. 动态修改加工坐标系的方位

首先,关闭加工坐标系的显示,选择主菜单上"格式"→"MCS"→"显示"命令,在绘图区不显示加工坐标系。然后双击操作导航器中的坐标系节点 MCS_ MILL,打开"MCS 铣削"对话框,单击 图标,弹出 CSYS 对话框,"类型"选择为"动态",如图 1-2-4 所示,在绘图区加工坐标系上出现了平移柄和旋转柄,如图 1-2-5 所示。拖动平移柄和旋转柄可动态地改变加工坐标系的方位。

(1)原点平移柄操作。

单击加工坐标系的原点平移柄小球,则该小球变为红色,此时可以实时拖动将坐标系原点移至任意位置,且保持坐标系的方位不变。也可以通过点构造器选定任意点,则坐标系原点被移到该点。

图 1-2-4　CSYS 对话框

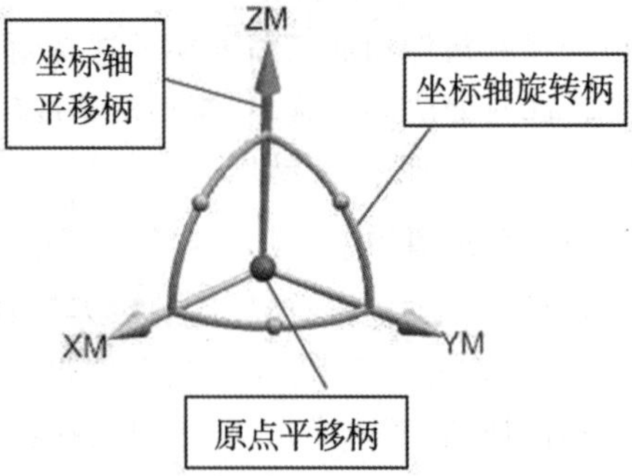

图 1-2-5　动态加工坐标系设置

(2)坐标轴平移柄操作。

单击加工坐标系的 X、Y、Z 的任一轴的平移柄箭头,则会弹出跟踪对话框,如图 1-2-6 所示,此时可以拖动坐标系沿所选择的坐标轴方向进行实时移动,在跟踪对话框中会实时显示移动的距离。如在"距离"文本框中输入需要移动的距离值(可正可负),按回车键,则坐标系沿选定轴向移动相应的距离。如果在"捕捉"文本框中输入数值,按回车键,则再次拖动坐标系时,移动的距离是捕捉数值的整数倍,且在"距离"文本框中实时显示。

(3)坐标轴旋转柄操作。

单击加工坐标系的任一旋转柄小球,则会弹出跟踪对话框,如图 1-2-7 所示,此时可以拖动坐标系绕第三轴进行实时旋转,在跟踪对话框中会实时显示旋转的角度。如在"角度"文本框中输入需要旋转的角度值(可正可负),按回车键,则坐标系绕第三轴旋转相应的角度。若在"捕捉"文本框中输入数值,按回车键,则再次拖动坐标系时,每次旋转的角度是"捕捉"的设定值,且在"角度"文本框中实时显示。

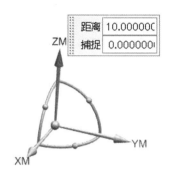

图 1-2-6　通过距离修改加工坐标系

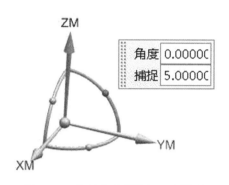

图 1-2-7　通过角度修改加工坐标系

2. 通过坐标系构造器修改加工坐标系的方位

在"MCS 铣削"对话框中,单击 图标,或者在CSYS 对话框中,单击"类型"下拉列表,如图 1-2-8 所示,则可以对加工坐标系的方位进行修改。

(二)工作坐标系定位到加工坐标系

部分加工参数的设定有时参照加工坐标系,有时参照工作坐标系,为了统一工作坐标系和加工坐标系,可以设定加工的首选参数,选择主菜单"首选项"→"加工",弹出"加工首选项"对话框,选择"几何体"选项卡,如图 1-2-9 所示,勾选"将 WCS 定向到 MCS"复选框,单击"确定"按钮。则在同一个操作中设定加工参数时,工作坐标系将被临时定位到加工坐标系,这样工作坐标系与加工坐标系达成一致。

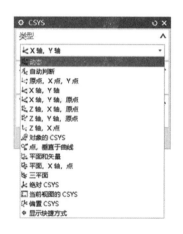

图 1-2-8　坐标系构造器

(三)参考坐标系的设置

参考坐标系的设置在"MCS 铣削"对话框中完成,如图 1-2-10 所示,参考坐标系的设置步骤与加工坐标系基本相同,当加工区域从零件的一部分移到另一部分时,参考坐标系用于定位非模型几何参数(包括起刀点、返刀点、刀轴的矢量方向和安全平面等)。在操作对话框中指定的起刀点安全平面的 Z 值以及其他矢量数据,都是参照工作坐标系而设定的,而确定刀具位置的各点坐标的参照系是加工坐标系。一般情况下,建议勾选"链接 RCS 和 MCS"复选框,此时参考坐标系区域的图标将变为灰色不可用,表示参考坐标系与加工坐标系保持一致,这样可以使系统减少重新指定参数的工作量。

二、安全高度设置

在 UG NX 10.0 加工模块中定义安全高度有两种方法,第一种是在加工坐标系中定义,第二种是在"转移/快速"选项卡中定义。

图 1-2-9 "加工首选项"对话框   图 1-2-10 参考坐标系

一般情况下,可以为每个要加工的工件定义一个加工坐标系,双击如图 1-2-10 所示的坐标系节点 MCS_MILL,打开"MCS 铣削"对话框,如图 1-2-11 所示。打开"安全设置"选项组,在"安全设置选项"中选择"自动平面",然后在"安全距离"文本框中输入平面偏置距离,就可以定义安全高度了。

第二种方法是在平面铣或型腔铣操作参数对话框中,选择"非切削移动",弹出"非切削移动"对话框,选择其中的"转移/快速"选项卡,"安全设置"选项组设置如图 1-2-12 所示,具体操作与第一种方法相同。

图 1-2-11 安全高度设置   图 1-2-12 安全高度设置

【效果评价】

项目名称	CAM 加工基础	学生姓名	
任务名称	机床坐标系、加工坐标系		
序号	考核项目	分值	考核得分
1	能简述 UG 中各加工坐标系的功能	10	
2	会设置不同零件的加工坐标系	40	
3	熟悉对刀操作及参数设置	40	
4	学习汇报情况	5	
5	基本素养考核	5	
总体得分			

教师简要评语:

教师签名:

【任务思考】

1.编程中的坐标系有哪些？各有什么作用？

2.编程中加工坐标系如何设置？机床如何识别软件中的工件坐标系？

◀ 任务1.3 切削加工基础知识 ▶

【情境导入】

在 CAM 编程中需要选择合适的数控刀具、切削用量、铣削工艺(顺铣或逆铣)、走刀路线等工艺方案,只有合适的加工工艺才能制造出高质量、高效率的产品。

【任务要求】

通过本任务学习,需要达到以下学习要求:
(1)会选择加工刀具,能建立合适的刀具;
(2)会选择合适的切削用量,能设置合适的切削参数;
(3)能规划合理的工艺路线。

【知识准备】

一、切削用量的确定

合理选择切削用量的原则如下:粗加工时,一般以提高生产率为主,但也应考虑经济性和加工成本;半精加工和精加工时,应在保证加工质量的前提下,兼顾切削效率、经济性和加工成本。具体数值应根据机床说明书和切削用量手册,并结合经验而定。

1. 背吃刀量 a_p

背吃刀量 a_p 也称为切削深度,在机床、工件和刀具刚度允许的情况下,a_p 就等于加工余量,这是提高生产率的一个有效措施。为了保证零件的加工精度和表面粗糙度,一般应留一定的余量进行精加工。数控机床的精加工余量可略小于普通机床。

2. 切削线速度 v_c

切削线速度 v_c 称为单齿切削量,单位为 m/min。提高 v_c 也是提高生产率的一个有效措施,但 v_c 与刀具寿命的关系比较密切。随着 v_c 的增大,刀具寿命急剧下降,故 v_c 的选择主要取决于刀具寿命。另外,切削速度与加工材料也有很大关系,例如,用立铣刀铣削合金钢 30CrNi2MoVA 时,v_c 可选为 8 m/min 左右;而用同样的立铣刀铣削铝合金时,v_c 可选 200 m/min 以上。一般好的刀具供应商都会在其手册或刀具说明书中提供刀具的切削速度推荐数值。

此外,在确定精加工、半精加工的切削速度时,应注意避开积屑瘤和鳞刺产生的区域;在易发生振动的情况下,切削速度应避开自激振动的临界速度;在加工带硬皮的铸锻件时或加工大件、细长件薄壁件时,应选用较低的切削速度。

3. 主轴转速 n

主轴转速 n 的单位是 r/min,一般应根据切削速度 v_c、刀具或工件直径来选定。计算公式为

$$n = \frac{1000v_c}{\pi D_c}$$

式中，D_c 是刀具直径，单位为 mm。

在使用球头铣刀时要做一些调整，球头铣刀的计算直径 D_{eff} 要小于铣刀直径 D_c，故其实际转速不应按铣刀直径 D_c 计算，而应按计算直径 D_{eff} 计算。

$$D_{eff} = \left[D_c^2 - (D_c - 2a_p)^2 \right] \times 0.5$$

$$n = \frac{1000v_c}{\pi D_{eff}}$$

数控机床的控制面板上一般备有主轴转速修调（倍率）开关，可在加工过程中对主轴转速进行整倍数调整。

4. 进给速度 v_f

进给速度 v_f 指机床工作台在做插位时的进给速度，单位为 mm/min。v_f 根据零件的加工精度、表面粗糙度要求以及刀具和工件材料来选择。v_f 的增加可以提高生产效率，但是刀具寿命也会降低。加工表面粗糙度要求低时，v_f 可选择得大些。在加工过程中，v_f 也可通过机床控制面板上的修调开关进行人工调整，但是最大进给速度要受到设备刚度和进给系统性能等的限制。进给速度可以按以下公式进行计算：

$$v_f = n z f_z$$

式中，v_f 是工作台进给速度，单位为 mm/min；n 为主轴转速，单位为 r/min；z 是刀具齿数，z 值由刀具供应商提供；f_z 是进给量，单位为 mm/齿。

在数控编程中，还应考虑在不同情形下选择不同的进给速度。如在初始切削进给时，特别是在 Z 轴下刀时，因为是在进行端铣，受力较大，同时还要考虑程序的安全性问题，所以应以较慢的速度进给。

随着数控机床在生产实际中的广泛应用，数控编程已经成为数控加工中的关键步骤之一。在数控加工程序的编制过程中，要在人机交互状态下及时选择刀具、确定切削用量。切削参数设置界面如图 1-3-1 所示。

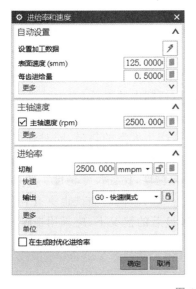 

图 1-3-1 切削参数设置

因此,编程人员必须熟悉刀具的选择方法和切削用量的确定原则,从而保证零件的加工质量和加工效率,充分发挥数控机床的优点,提高企业的经济效益和生产水平。

二、高度与安全高度

安全高度是为了避免刀具碰撞工件或夹具而设定的高度,即在主轴方向上的偏移值。

在铣削过程中,如果刀具需要转移位置,将会退到这一高度,然后再进行 G00 插补到下一个进刀位置。一般情况下,这个高度应大于零件的最大高度(即高于零件的最高表面)。起止高度是指程序开始时,刀具将先到达这一高度,同时在程序结束后,刀具也将退回到这一高度。

刀具从起止高度移动到接近工件处开始切削,需要经过快速进给和慢速下刀两个过程。刀具先以 G00 快速进给到指定位置,然后慢速下刀到加工位置。如果刀具不是经过先快速再慢速的过程接近工件,而是以 G00 的速度直接下刀到加工位置,这样就很不安全。因为假使该加工位置在工件内或工件上,在采用垂直下刀方式的情况下,刀具很容易与工件相碰,这在数控加工中是不允许的。即使是在空的位置下刀,如果不采用先快后慢的方式下刀,由于惯性的作用也很难保证下刀所到位置的准确性。但是慢速下刀的距离不宜取得太大,因为此时的速度往往比较慢,太长的慢速下刀距离将影响加工效率。

在加工过程中,当刀具在两点间移动而不切削时,如果设定为抬刀,刀具将先提高到安全高度平面,再在此平面上移动到下一点,这样虽然延长了加工时间,但比较安全。特别是在进行分区加工时,这样的处理方式可以防止两区域之间出现刀具碰撞事故。一般来说,在进行大面积粗加工时,通常建议使用抬刀,以便在加工时可以暂停对刀具进行检查;在精加工或局部加工时,通常不设置抬刀以提高加工效率。

三、顺铣与逆铣

在加工过程中,铣刀的进给方向有两种:顺铣和逆铣。对着刀具的进给方向看,如果工件位于铣刀进给方向的右侧,则进给方向称为顺时针,当铣刀旋转方向与工件进给方向相同,即为顺铣,如图 1-3-2(a)所示。如果工件位于铣刀进给方向的左侧时,则进给方向定义为逆时针,当铣刀旋转方向与工件进给方向相反,即为逆铣,如图 1-3-2(b)所示。顺铣时,刀齿开始和工件接触时切削厚度最大,且从表面硬质层开始切入,刀齿受到很大的冲击载荷,铣刀变钝较快,刀齿切入过程中没有滑移现象。逆铣时,切削由薄变厚,刀齿从已加工表面切入,对铣刀的磨损较小。逆铣时,铣刀刀齿接触工件后不能马上切入金属层,而是在工件表面滑动一小段距离,且在滑动过程中,由于强烈的摩擦产生大量的热量,同时在待加工表面易形成硬化层,降低了刀具的耐用度,影响工件表面粗糙度,给切削带来不利影响。一般情况下应尽量采用顺铣加工,以降低被加工零件表面的粗糙度,保证尺寸精度。并且顺铣的功耗要比逆铣小,在同等切削条件下,顺铣功耗要低 5%～15%,同时顺铣也更有利于排屑。但在切削面上有硬质层、积渣以及工件表面凹凸不平较显著的情况下,应采用逆铣法,例如加工锻造毛坯。

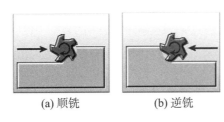

(a) 顺铣 (b) 逆铣

图 1-3-2　顺铣、逆铣

四、数控加工刀具

刀具的选择是在数控编程的人机交互状态下进行的。应根据机床的加工能力、加工工序、工件材料的性能、切削用量以及其他相关因素正确选用刀具和刀柄。刀具选择的总原则是适用、安全和经济。

①适用是要求所选择的刀具能达到加工的目的，完成材料的去除，并达到预定的加工精度。

②安全是指在有效去除材料的同时，不会产生刀具的碰撞和折断等，要保证刀具及刀柄不会与工件相碰撞或挤擦，以免造成刀具或工件的损坏。

③经济是指能以最小的成本完成加工。在同样可以完成加工的情形下，选择相对综合成本较低的方案，而不是选择最便宜的刀具。在满足加工要求的前提下，尽量选择较短的刀柄，以提高刀具的加工刚性。

选取刀具时，要使刀具的尺寸与被加工工件的表面尺寸相适应。生产中，平面零件周边轮廓的加工，常采用立铣刀；铣削平面时，应选用硬质合金刀片铣刀；加工凸台、凹槽时，宜选用高速钢立铣刀；加工毛坯表面或粗加工孔时，可选用镶硬质合金刀片的玉米铣刀：

对一些立体型面和变斜角轮廓外形的加工，常采用球头铣刀、环形铣刀、盘形铣刀和锥形铣刀。

在生产过程中，铣削零件周边轮廓时，常采用立铣刀，所用的立铣刀的刀具半径一定要小于零件内轮廓的最小曲率半径，一般取最小曲率半径的 $0.8\sim0.9$ 倍即可。零件的加工高度（Z 方向的背吃刀量）最好不要超过刀具的半径。

平面铣削时，应选用不重磨硬质合金端铣刀、立铣刀或可转位面铣刀。一般采用二次进给，第一次进给最好用端铣刀粗铣，沿工件表面连续进给。选好每次进给的宽度和铣刀的直径，使接痕不影响精铣精度。因此，加工余量大且不均匀时，铣刀直径要选得小些。

精加工时，一般用可转位密齿面铣刀，铣刀直径要选得大些，最好能够包容加工面的整个宽度，可以设置 $6\sim8$ 个刀齿，密布的刀齿使进给速度大大提高，从而提高切削效率，同时可以达到理想的表面加工质量，甚至可以实现以铣代磨。

加工凸台、凹槽和箱口面时，选取高速钢立铣刀、镶硬质合金刀片的端铣刀和立铣刀。

在加工凹槽时应采用直径比槽宽小的铣刀，先铣槽的中间部分，再利用刀具半径补偿（或称直径补偿）功能对槽的两边进行铣加工，这样可以提高槽宽的加工精度，减少铣刀的种类。加工毛坯表面时，最好选用硬质合金波纹立铣刀，它在机床、刀具和工件系统允许的情况下，可以进行强力切削。对一些立体型面和变斜角轮廓外形的加工，常采用球头铣刀。

【任务实施】

任务：设置合适的加工坐标、刀具、切削用量等参数，加工出如图 1-3-3 所示模型。

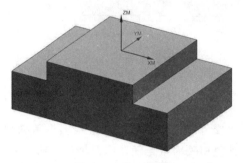

图 1-3-3　加工模型

任务实施模型

1.毛坯设置、坐标系

单击"开始"按钮，选择"所有应用模块"→"注塑模向导"→"创建方块"，弹出如图 1-3-4 所示对话框，按图示设置相关参数，完成毛坯创建，如图 1-3-5 所示。

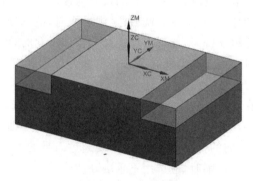

图 1-3-4　"创建方块"对话框

图 1-3-5　创建毛坯

在工具栏"格式"下拉列表中选择"WCS"→"定向"→"对象的 CSYS"，如图 1-3-6 所示，选择毛坯顶面，将坐标设置在毛坯顶面。单击 ☒MCS_MILL，打开"MCS 铣削"对话框，指定 MCS，将坐标系重合统一。

2.刀具选择与设置

单击创建刀具图标🔧，打开"新建刀具"对话框，如图 1-3-7 所示。铣刀的参数设置如图 1-3-8 所示。

3.切削用量参数设置

右击"workpiece"，选择"插入"→"工序"→"型腔铣"，在"型腔铣"对话框中，设置"公共每刀切削深度"，如图 1-3-9 所示。打开"进给率和速度"对话框，设置主轴转速和进给率，如图 1-3-10 所示。

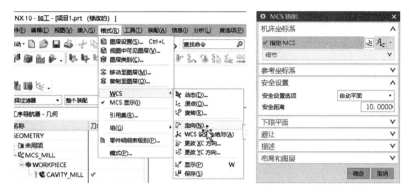

图 1-3-6　设置加工坐标系

图 1-3-7　新建刀具

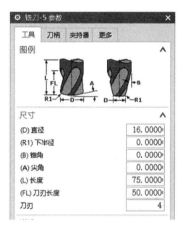

图 1-3-8　刀具参数设置

图 1-3-9　"型腔铣"对话框

图 1-3-10　"进给率和速度"对话框

4. 顺铣、逆铣设置

在"策略"选项卡中，设置"切削方向"为"顺铣"，如图 1-3-11 所示。

图 1-3-11   顺铣、逆铣设置

【效果评价】

项目名称	CAM 加工基础	学生姓名	
任务名称	切削加工基础知识		
序号	考核项目	分值	考核得分
1	懂得切削用量的含义，会合理设置	40	
2	能合理选择刀具	20	
3	能设置合适的切削参数	20	
4	学习汇报情况	10	
5	基本素养考核	10	
总体得分			

教师简要评语：

教师签名：

【任务思考】

1．切削用量三要素如何在软件中设置？粗、精加工中的设置原则是什么？

_____

_____

_____

_____

2．什么是顺铣、逆铣？粗、精加工中的选择原则是什么？

_____

_____

_____

_____

课程思政案例

我国汽车工业的发展与 CAD/CAM 技术
——技能成才、技术报国

CAD/CAM 技术的发明使现代工业发生了翻天覆地的变化，机器制造行业的生产效率大大提高，之前难以加工的美观且复杂的曲面通过 CAD/CAM 技术在加工制造中也能逐渐实现。在汽车工业中，CAD/CAM 技术的广泛应用使得汽车领域新产品的开发周期和生产成本不断削减，与此同时产品的质量还在不断提升。目前，CAD/CAM 技术已经在汽车覆盖件模具生产、车身设计、底盘设计等环节得到了广泛的应用。

以 CAD/CAM 技术在汽车车身覆盖件模具设计与数控加工中的应用为例，汽车覆盖件模具的设计主要包括两大部分，工艺设计部分以及结构设计部分。工艺设计部分是针对汽车覆盖件复杂的曲面进行的。汽车覆盖件的曲面繁多，形状复杂，模具的设计有着极高的难度。计算机辅助设计技术 CAD 的应用将极有效地解决这一复杂曲面的设计问题。汽车覆盖件模具的结构设计部分是以工艺设计部分为前提的，包括结构的设计、材料的选择以及强度的校核等工作。这一部分仍然需要借助 CAD/CAM 的强大功能实现快速高效地建模与仿真。在汽车覆盖件模具的制造过程中，CAD/CAM 技术也发挥着强大的作用。

根据已经建好的三维模型将模具的特征用数学模型表示出来，然后运用计算软件进一步生成刀具加工的轨迹文件,最后利用先进的数控机床实现模具的制造。由于计算机模型的高计算精度,模具在制造过程中也保持较高的精度,曲面更加光滑,减少了制造误差,提高了产品的精度和美观性。

2010 年至今,是中国汽车工业迈向高质量发展的新阶段。中国政府提出了"中国制造2025"和"新能源汽车推广应用工程",推动中国汽车工业向高端制造和智能化转型。中国的新能源汽车产业取得了长足的发展,成为全球新能源汽车产业的领军者之一。2019 年,中国新能源汽车销量突破 100 万辆,占全球市场份额的近半。

我国的 CAD/CAM 技术在汽车领域内发展起步较晚,由于基础薄弱目前还处于追赶阶段,但随着我国汽车市场的不断开拓和技术进步以及对先进 CAD/CAM 技术的不断学习,中国的 CAD/CAM 技术必将在汽车产业中得到更广泛的应用。作为当代大学生要努力学习,掌握先进科技,走好技能成才、技术报国之路。

项目 2

三轴加工

项目描述

UG 三轴是 UG CAM 中的一个重要模块,它是一种数字化加工技术,可以通过数字化控制精密机床,实现对三轴模型的零件加工。本项目针对零件的不同特征,如平面、曲面、陡峭面、孔等进行工艺分析,引导读者选择合适刀具、设置合适切削参数,编辑零件的 CAM 加工程序。

学习目标

(1)掌握三轴加工编程的切削参数含义;

(2)掌握平面、陡峭面、曲面的加工方法;

(3)掌握孔的加工方法;

(4)能根据加工图纸合理选择加工方法。

素质目标

(1)能针对不同的加工特征面,选择合适的加工刀具;

(2)能根据加工图纸选择合适的加工工艺;

(3)能根据加工误差分析原因;

(4)培养细致观察、勤于思考、做事认真的良好作风;

(5)培养文献检索能力。

项目导入

随着制造业的不断发展,数字化制造技术成为制造业的重要态势。UG 三轴技术是数字化制造中的重要组成部分,它具有高速、高精度、高可靠性的特点,可以提高机械制造的效率和质量。同时,随着智能制造的推广,UG 三轴加工技术也将有更大的发展空间和应用前景。

◀ 任务2.1 切削参数设置 ▶

【情境导入】

通过完成一个零件切削参数设置任务,培养学生根据工件加工的实际需要设置切削参数的能力,让学生充分掌握 CAM 编程切削参数设置的功能与命令,同时培养学生思考、解决实际问题的能力。

【任务要求】

学习软件数控编程中切削参数设置的相关命令操作。

【知识准备】

一、切削模式

在各种操作中,常用的控制加工切削区域的刀位轨迹形式的切削模式一共有七种。往复、单向、单向轮廓,这三种切削方法产生平行刀位轨迹;跟随周边、跟随部件和摆线,这三种

图 2-1-1 各种切削模式

切削方法产生同心的刀位轨迹;轮廓,这种切削方法只沿着切削区域轮廓产生一条刀位轨迹。前六种切削方法适用于区域的切削,后一种切削方法适用于轮廓或者外形的切削。图 2-1-1 是平面铣的切削模式。实际编写刀轨时,编程人员应根据加工对象的形状特点和数控加工工艺要求,选择一种合适的切削模式。

1. 跟随部件

跟随部件切削方式又称为沿零件切削,通过对指定零件几何体进行偏置来产生刀位轨迹,如图 2-1-2 所示。它与跟随周边切削方式的不同之处在于,跟随周边切削只从外围的环进行偏置,而跟随部件切削则从整个部件几何体进行偏置来产生切削路径,无论部件几何体定义的是周边环、岛屿还是型腔,都可以保证刀具沿着整个部件几何体进行切削,当遇到偏置路径相交时,系统将修剪多余路径。跟随部件切削适用于区域切削,与跟随周边切削不同之处还在于跟随部件切削不需要指定是由内向外切削还是由外向内切削(步距运动方向),系统总是按照切向零件几何体的方式来决定型腔的切削方向。即对于每组偏置,越靠近零件几何体的偏置越靠后切削。

2. 跟随周边

跟随周边切削方式是创建一系列跟随切削区域外轮廓的同心刀轨,如图 2-1-3 所示。它是通过对外围轮廓的偏置得到刀位轨迹的。此方式还能维持刀具在步距运动期间连续地进行切削运动,尽最大可能地切除材料。除了可以通过顺铣和逆铣选项指定切削方向外,还可

以指定是由内向外切削还是由外向内切削。

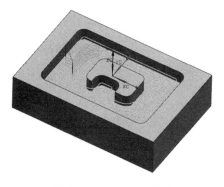
图 2-1-2　跟随部件切削

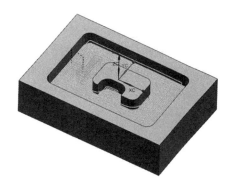
图 2-1-3　跟随周边切削

跟随周边切削和跟随部件切削通常用于带有岛屿和内腔零件的粗加工,如模具的型芯和型腔,这两种切削方法生成的刀轨都是由系统根据零件形状偏置产生的,在形状交叉的地方所创建的刀轨将不规则,而且切削不连续,此时可以通过调整步距、刀具或者毛坯的尺寸来得到较为理想的刀轨。

3. 摆线

摆线切削方式通过产生回环切削路径来控制被嵌入的刀具运动,如图 2-1-4 所示。这种切削模式可避免在切削时发生因全刀切入而导致切削材料量过大的现象。摆线切削方式可用于高速加工,以较低的而且相对均匀的切削负荷进行粗加工。

摆线切削模式允许用户指定向内或向外的步进切削方向。当步进方向向内时,产生的摆线称为向内摆线;当步进方向向外时,产生的摆线称为向外摆线。在使用时应该优先使用向外摆线模式。

4. 单向

如图 2-1-5 所示,单向切削方式会生成一系列沿着相同方向的线性平行切削路径,始终维持一致的顺铣或者逆铣切削方式。刀具在切削轨迹的起点进刀,切削到切削轨迹的终点,切削完成后刀具回退到转换平面高度,然后转移到下一行轨迹的起点,以同样的方向进行下一行的切削。

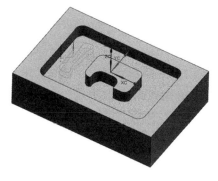
图 2-1-4　摆线切削

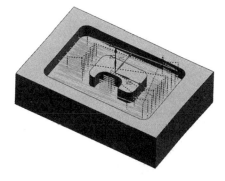
图 2-1-5　单向切削

单向切削方式的缺点在于加工效率相对较低,其原因在于单向切削会出现频繁抬刀现象,同时在刀具路径回退的过程不进行切削运动。单向切削方式的优点是,它可以始终保持顺铣或者逆铣的状态,其加工精度较高。因此,单向切削常应用于有特殊工艺要求的场合,例如岛屿表面的精加工和不适用于往复切削方式的场合。一些陡壁的筋板部位,工艺上只允许刀具自下而上的切削,这种情况下,只能采用单向切削方式。

5.往复

如图 2-1-6 所示,往复切削方式利用平行的线性刀路移除大量材料,这种模式允许刀具在运动期间保持连续的进给运动,没有产生多余的抬刀动作,是一种最节省时间的切削运动。往复切削的特点是切削方向交替变化,在顺铣、逆铣两种方式间不停地变换。往复切削方式经常用于内腔和岛屿顶面的粗加工,去除材料的效率较高。使用这种加工方式需要注意的是:在第一刀切入内腔时,如果没有预钻孔,则应该采用螺旋式或斜插式下刀,螺旋下刀角度一般为 $1°\sim3°$。

6.单向轮廓

如图 2-1-7 所示,单向轮廓切削方式用来创建单向的、沿着轮廓平行的刀位轨迹。这种切削方式特点是其创建的刀位轨迹始终保持顺铣或者逆铣。它与单向切削相似,只是在下刀时将刀下到前一刀轨的起始位置,沿轮廓切削到当前行的起点,然后进行当前行的切削;切削到端点时,抬刀到转移平面,再返回到当前行的起点下刀,进行下一行的切削。沿轮廓的单向切削方式通常用于粗加工后要求余量均匀的零件,如薄壁类零件。使用此种切削方式时,加工过程比较平稳,对刀具基本上没有冲击。

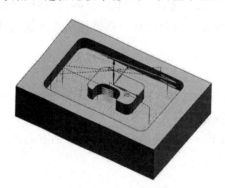

图 2-1-6 往复切削

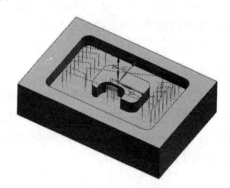

图 2-1-7 单向轮廓切削

7.轮廓

如图 2-1-8 所示,轮廓切削方式用于创建一条或指定数量的刀位轨迹,可以对零件的内、外轮廓进行切削。该切削方式同时适用于敞开区域和封闭区域的两种加工情况。

二、切削步距

切削步距是指在每一个切削层相邻两次走刀之间的距离,如图 2-1-9 所示。它是一个

图 2-1-8 轮廓切削

关系到加工效率、工件表面加工质量和刀具切削负载的重要参数。切削步距越大,走刀数量就越少,加工时间越短,但是切削负载增大,工件表面粗糙度也增加,加工质量变差,这是速度与质量的问题,如果加工速度太快,就一定会影响到加工质量,反之,要求加工质量高,则加工速度不可太快。实际编制刀轨时,编程人员需要综合考虑加工几何形状特点和加工工艺要求等来选择一种合适的步距方式,力争在保证达到质量要求的前提下达到较高的加工速度,UG NX 10.0 提供了四种切削步距的定义方法,如图 2-1-10 所示,分别是"恒定""残余高度""刀具平直百分比""多个"。

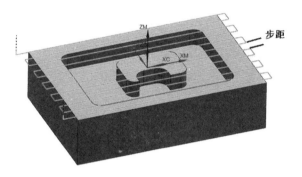

图 2-1-9 切削步距

图 2-1-10 "刀轨设置"对话框

1. 恒定

恒定步进方式将指定的距离常数作为切削的步距。如果设置的刀路间距不能平均分割所在的区域,系统将减小步进距离,但仍然保持恒定的步进距离。当切削模式为配置文件和标准驱动方式时,设置的步进距离是指轮廓切削和附加刀路之间的步进距离。

2. 残余高度

残余高度步进方式通过指定加工后残余材料的高度来计算切削步距,残余高度和切削步距的关系如图 2-1-11 所示。但事实上系统只保证在刀具轴垂直于被加工表面的情况下,残余高度不超过指定值,因此在一个操作中,加工的非陡峭面的表面粗糙度较为均匀,而陡峭面的表面粗糙度较大。

3. 刀具平直百分比

刀具平直百分比步进方式以有效刀具直径乘以百分比参数的积作为切削步距,如果步进距离不能平均分割所在区域,系统将减小刀具步进距离,但步进距离保持恒定。在工件的粗加工中常用到此参数,一般粗加工可设定切削步距为刀具直径的 $50\%\sim75\%$。刀具有效直径计算如下:

(1)平刀和球刀:有效刀具直径指的是刀具参数中的直径。

(2)圆鼻刀:有效刀具直径指的是刀具参数中的直径减去两个 R 角半径的差值,即 $D-2R$。

4. 多个

多个步进方式通过指定多个步进距离以及每个步进距离所对应的刀路数来定义切削间距。根据切削方式不同,可变的步进距离的定义方式也不尽相同。当切削模式为跟随周边、跟随部件、轮廓时,可以在"步距"下拉列表中选择"多个",如图 2-1-12 所示。

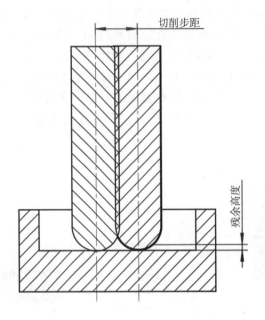

图 2-1-11 残余高度和切削步距的关系

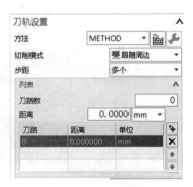

图 2-1-12 "多个"步距方式

三、进给率和速度

1."自动设置"选项参数

如图 2-1-13 所示,"自动设置"选项组用于设定表面速度和每齿进给量等参数,各参数含义见表 2-1-1。

图 2-1-13 "自动设置"选项组

表 2-1-1 "自动设置"选项组参数含义

参数	含义
设置加工数据	若在创建加工操作时指定了工件材料、刀具类型、切削方式等参数,单击图标,软件会自动计算出最优的主轴转速、进给量、切削速度、背吃刀量等参数
每齿进给量	表示刀具转动一周每齿切削材料的厚度,测量单位是英寸或毫米
表面速度	表示切削加工时刀具在材料表面的切削速度,测量单位是每分钟英尺或米

参数	含义
更多	在切削参数设定完毕后,单击 ⚡ 图标就会使用已设定的参数。推荐从预定义表格中抽取适当的表面参数

2."主轴速度"选项组参数

如图 2-1-14 所示,"主轴速度"选项组用于设置主轴速度大小、方向等,各参数含义见表 2-1-2。

图 2-1-14 "主轴速度"选项组

表 2-1-2 "主轴速度"选项组参数含义

参数	含义
主轴速度	表示刀具转动的速度,单位是 rpm(每分钟转速)
输出模式	主轴转速有四种输出模式,分别为无、rpm(每分钟转速)、sfm(每分钟曲面英尺)、smm(每分钟曲面米)
方向	主轴的方向设置有三个选项:无、顺时针、逆时针
范围状态	表示允许的主轴速度范围。可勾选"范围状态"复选框,然后在"范围状态"文本框中输入允许的主轴速度范围
文本状态	表示允许的主轴速度范围。可勾选"文本状态"复选框,然后在"文本状态"文本框中输入允许的主轴速度范围

3."进给率"选项参数组

如图 2-1-15 所示,"进给率"选项组用来设定刀轨在不同运动阶段的进给速率。一条完整的刀轨按刀具运动阶段的先后分别为快速、逼近、进刀、第一刀切削、步进、退刀、离开。在 UG NX 10.0 中,关于刀轨的各种进给速度的名称及其对应的运动阶段如图 2-1-16 所示。各运动阶段的含义见表 2-1-3,在设定所有的进给速度时,如果接受默认值为 0,则该速度就是机床控制器内设定的机床快速运动速度。如果设定为一个数值,则在 NC 程序中输出给定的速度值。"单位"选项组中有"设置非切削单位"和"设置切削单位"两个参数。

(1)"设置非切削单位"用来设置刀具在没有切削材料时的移动速度单位,如进刀、退刀等。非切削单位有三种可以选择,分别是无、mmpm 和 mmpr。

(2)"设置切削单位"用来设置刀具在切削材料时的移动速度单位。切削单位也有三种可以选择,分别是无、mmpm 和 mmpr。

图 2-1-15 "进给率"选项组

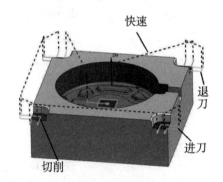

图 2-1-16 刀轨

表 2-1-3 各运动阶段的含义

参数	含义
快速	定义从出发点到起点和从返回点到零点的运动状态,即在非切削状态下的快速换位速度。一般接受默认设置为 0
逼近	定义进入切削前的进给速度,一般可比快速进给速度小一些,也可以设置为 0
进刀	定义进刀速度,需要考虑切入时的冲击,应取比剪切更小的速度值
第一刀切削	定义初始切削进给率,当切削进给率为 0 时,系统将使用快速进给率。需考虑到毛坯表面有一层硬皮,应取比剪切更小的速度值
步进	定义相邻两刀之间的跨过速度,一般可取与剪切相同的速度值。如果是提刀跨过,系统会自动使用快速进给的速度
剪切	定义刀具在切削工件时的进给速度,是最重要的切削参数,一般根据经验,综合考虑刀具和被加工材料的硬度及韧性来给出速度值
离开	定义退刀运动完成后的返回运动,一般接受默认设置为 0

四、切削参数设置

在 UG 软件各种操作对话框中，"刀轨设置"选项组中有"切削参数"选项，单击 ✏ 图标，弹出"切削参数"对话框，该对话框一般包含"策略""余量""拐角""连接""空间范围"和"更多"六个选项卡。用户可以根据编程工艺需要指定刀具切削运动的参数。"切削参数"对话框的参数由操作的"类型""子类型"和"切削方法"等确定。

（一）"策略"选项卡

"策略"选项卡定义了最常用的操作和主要参数，如图 2-1-17 所示，用户可以通过该选项卡指定切削的方向和顺序、设定刀轨延伸长度和毛坯距离等主要参数，平面加工、型腔加工以及固定轴轮廓加工的"策略"选项卡对应的参数类型是不一样的，在后面的项目中会分开详细介绍。在这里，将着重介绍这几种操作类型中相同的参数。

1. 切削方向

"切削方向"有"顺铣""逆铣"两个选项。用户可以通过"切削方向"来设定切削时刀具的运动方向，具体参数解释如下：

① 顺铣：在切削加工时，铣刀旋转的方向与工件进给方向一致。

② 逆铣：在切削加工时，铣刀旋转的方向与工件进给方向相反。

2. 切削顺序

"切削顺序"有"层优先"和"深度优先"两个选项。用户可以通过"切削顺序"来设定在具有多个加工区域和切削层时，刀具连续切削的优先方法。具体参数解释如下：

① 层优先：如果一个切削层具有多个切削区域，则在完成一个切削层的所有区域后，刀具才进入下一个切削层进行切削，如图 2-1-18 所示。

② 深度优先：如果一个切削层具有多个切削区域，则在完成一个切削区域的切削后，刀具才进入下一个区域进行切削，如图 2-1-19 所示。一般情况下，这种类型可以有效地缩短抬刀时间。

图 2-1-17 "策略"选项卡

图 2-1-18 层优先

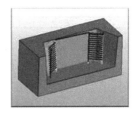

图 2-1-19 深度优先

3. 刀路方向

当"切削模式"选择为"跟随周边"类型时,"策略"选项卡有"刀路方向"的选项。"刀路方向"有"向内"和"向外"两个选项,在实际应用过程中,尽量选用"向外"切削方式。用户可以通过"刀路方向"来设定区域切削时的步进方向,具体参数解释如下:

①向外:刀具从工件中心向周边切削。这种加工方式无须预钻孔,减少了切屑的干扰。

②向内:刀具从工件周边向中心切削。

4. 切削角

当"切削模式"选择为"单向""往复"或"单向轮廓"时,"策略"选项卡有"切削角"的选项。"切削角"有"自动""指定""最长的边"和"矢量"四个选项。用户可以通过"切削角"来设定当使用线性切削模式时切削路径的角度。切削角度是指切削路径与WCS坐标系+XC轴方向(逆时针)的夹角,具体参数解释如下:

①自动:根据每个切削区域形状确定最有效的切削角,使得在区域切削时具有最少的内部进刀运动。

②指定:使用该项时,允许用户指定一个与+XC方向的夹角来确定切削角。

③最长的边:系统将以与区域外轮廓中最长的线段所成的角度为切削角,如果区域外轮廓不包含线段,则系统自动搜索最长的内部轮廓线段。

④矢量:使用该项时,允许用户使用"矢量"对话框指定一个矢量方向来定义切削角。矢量将沿刀轴方向投影到切削层平面以确定切削角的大小。

5. 壁

当"切削模式"选择为"跟随周边""单向""单向轮廓""往复"或"轮廓"时,"策略"选项卡中有"壁"的选项。"壁"有"岛清根"和"壁清理"两种类型。

①岛清根:复选项,用于控制系统是否增加跟随岛屿轮廓运动的切削刀路,如图2-1-20所示。当用户勾选后,系统将自动计算岛屿的轮廓,可确保在岛屿的周围不会留下多余的材料。一般情况下,尽量勾选"岛清根"选项。

②壁清理:有"无""在起点""在终点"和"自动"四个选项。用户可以通过"壁清理"来设定切除侧壁残余材料的处理方法。应用"壁清理"后,系统将会在每个切削层切削之后或之前插入一个跟随区域轮廓的切削路径来切除侧壁残余材料。一般在使用"单向"和"往复"两种切削模式时,应该进行壁清理,保证不会在工件侧壁上残留多余材料。具体参数解释如下:

 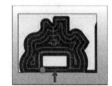

"岛清根"关闭　　　"岛清根"打开

图2-1-20　"岛清根"选择状态

• 无:系统将进行周壁清理。在"壁清理"中选择"无",切削完毕后工件周围壁上会留有残余材料。

• 在起点:刀具在切削每一层前,先进行沿周边的清壁加工,再做型腔内部的铣削,如图2-1-21(a)所示。

• 在终点:刀具在切削每一层时,先做型腔内部的铣削,再进行沿周边的清壁加工,如图2-1-21(b)所示。

• 自动：系统将不会另外添加一个独立跟随区域轮廓移动的切削路径，但仍然会在每个切削层切削时自动产生跟随区域轮廓移动的切削路径，以避免在侧壁留下过多材料。

 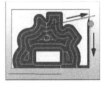

(a)"在起点"　　　(b)"在终点"

图 2-1-21　"壁清理"选项卡

6.延伸路径

"延伸路径"用于设定在区域边缘处相切刀路延伸的长度，以充分切除多余材料。

如图 2-1-22 所示，当设定了延伸长度后，在刀路的起点和终点会沿矢量方向延长，使得刀具平顺地进入和退出切削区域，对于加工表面具有一定余量的零件很有用。

7.精加工刀路

无论用户选择哪种类型的切削模式，在"策略"选项卡中都会出现"精加工刀路"选项。

精加工刀路指的是刀具在完成主切削刀轨后，再增加的精加工刀轨。在这个轨迹中，刀具环绕着边界和所有的岛屿生成一个轮廓轨迹。这个轨迹只在底面的切削平面上生成，可以使用"余量"选项卡为这个轨迹指定余量。精加工刀路设置如图 2-1-22 所示。精加工刀路与轮廓铣削中的附加刀轨不一样，它只产生在底面层，适用于各种加工方式。

8.毛坯

"毛坯"选项常见于型腔铣、平面铣和面铣削操作。"毛坯"选项只有"毛坯距离"一个参数，"毛坯距离"用于定义要去除的材料厚度，产生毛坯几何体，如图 2-1-22 所示。

（二）"余量"选项卡

如图 2-1-23 所示，"切削参数"对话框中的"余量"选项卡允许用户根据工件材料、刀具材料和切削深度等实际切削条件，设定不同几何体的余量和加工精度公差。一般在工件粗加工和半精加工的编程时，需要设定几何体的余量。

图 2-1-22　"精加工刀路"参数设置

图 2-1-23　"余量"选项卡

1. 余量

"余量"选项包含五个参数,分别是"部件侧面余量""部件底面余量""毛坯余量""检查余量"和"修剪余量"。

①部件侧面余量。

部件侧面余量用于设置在操作结束后,留在零件侧壁上的余量。在数控加工中,通常在粗加工或半精加工时留出一定部件余量以备精加工使用。在实际加工中常将其设置为 0.1 ~0.5 mm。

②部件底面余量。

部件底面余量用于设置在操作结束后,工件底面和岛屿顶面剩余的材料余量。如果"部件侧面余量"和"部件底面余量"一样,则勾选"使底面余量与侧面余量一致"复选框。在实际加工中,往往部件底面余量设置的数值要比部件侧面余量的数值小。

③毛坯余量。

毛坯余量用于设置切削时刀具离开毛坯几何体的距离,主要用于有着相切情形的毛坯边界。

④检查余量。

检查余量用于设置刀具切削过程中,刀具与已定义的检查边界之间的最小距离。

⑤修剪余量。

修剪余量用于设置刀具切削过程中,刀具与已定义的修剪边界之间的最小距离。

2. 公差

公差用于定义刀具偏离实际零件的允许范围,公差越小,切削越准确,产生的轮廓越光顺,"公差"选项包含两个参数,分别是"内公差"和"外公差"。

①内公差。

内公差用于设置刀具切制切入零件时的最大偏距,系统默认为 0.03 mm。

②外公差。

外公差用于设置刀具切制离开零件时的最大偏距,系统默认为 0.03 mm。

在实际加工过程中,内、外公差的设置是可以不一致的,例如当粗加工时,外公差可以设置大些,这样加工速度可以得到一定的提高。

图 2-1-24 "拐角"选项卡

(三)"拐角"选项卡

如图 2-1-24 所示,"切削参数"对话框中的"拐角"选项卡允许用户指定当刀具沿着拐角运动切削时的刀轨形状,产生光顺平滑的切削路径,这样可以有效减少刀具在拐角运动时偏离工件侧壁而引起的过切现象,有利于高速加工,还可以控制刀具做圆弧运动时的运动进给速率,使刀轨中圆弧部分的切屑负载与线性部分的切屑负载相一致。

1. 拐角处的刀轨形状

"光顺"用于指定当刀具沿内凹角运动时,是否在刀轨中增加圆弧运动。一般在加工硬质材料或高速加工时,需要对这一栏目进行设置,其目的在于防止刀具切削移动的前进方向发生突然变化,以免刀具切削载荷突然增加,引起机床振动,进而影响加工质量或者引发刀具崩断等事故。如果在内凹角的刀轨中添加圆弧,就会在内凹角的侧壁残留过多的余量。"光顺"下拉列表有两个选项,分别是"无"和"所有刀路"。

①无:当刀具沿内凹角运动时,刀轨中不增加圆弧运动。

②所有刀路:当刀具沿内凹角运动时,对所有刀轨均增加圆弧运动,如图 2-1-25 所示,可以通过使用刀具直径的百分比来设定所增加圆弧运动的圆弧半径及步距限制,一般设置的圆弧半径不大于步距限制的 50%。

2. 圆弧上进给调整

圆弧上进给调整用于调整刀轨中圆弧运动的进给速度,以保持刀具边缘的进给速度与线性运动的进给速度一致。当刀具沿着凸角运动切削时,进给速度提高;当刀具沿着内凹角运动切削时,进给速度降低,使得切屑负载平均,降低刀具过于陷入或偏离拐角材料的可能性。"调整进给率"选项有两种类型,分别是"无"和"在所有圆弧上",如图 2-1-26 所示,下面分述这两种类型。

图 2-1-25 "光顺"中的"所有刀路"选项　图 2-1-26 "圆弧上进给调整"选项组

①无:不对刀轨圆弧运动进行进给速度的调整。

②在所有圆弧上:对所有刀轨的圆弧运动进行进给速度的调整。最小补偿因子、最大补偿因子是指进给速度调整的倍率范围,系统将自动根据最小补偿因子、最大补偿因子来选择相应的倍率。

3. 拐角处进给减速

拐角处进给减速用于设定沿内凹角运动时,降低刀具的进给速度,使得刀具运动更加平稳,可有效防止刀具过切现象。系统会自动检测减速距离,并按指定的减速步数降低进给速度。当完成减速后,刀具将加速到正常的进给速度。"减速距离"选项有三种类型,分别是"无""当前刀具"和"上一个刀具",如图 2-1-27 所示。

①无:在拐角处,系统不对进给运动做减速处理。

图 2-1-27 "拐角处进给减速"选项组

②当前刀具：系统使用当前刀具确定减速开始和结束的距离，减速开始和结束的位置由当前刀具直径的百分比确定。这种类型中有以下参数："刀具直径百分比"是指输入当前刀具直径的百分比，确定减速或加速移动的距离；"减速百分比"是指输入当前切削进给速度的百分比，确定减速后的进给速度；"步数"是指输入减速的步数，确定减速的平稳性，步数越大，减速越平稳。

③上一个刀具：系统使用以前刀具确定减速开始和结束的距离，减速开始和结束的位置是刀具与部件几何体的切点。这种类型有以下参数："刀具直径"是指输入以前刀具的直径，确定减速或加速移动的距离，其他参数含义与"当前刀具"类型相同。

（四）"连接"选项卡

"切削参数"对话框中的"连接"选项卡用来控制多个岛屿加工时各个岛屿切削的顺序，以及刀具经过跨空区域时控制刀具的移动方式，因此在具有多个岛屿形状并且岛屿高低不平的工件加工中必须使用该功能。在实际编程过程中，用户必须根据实际情况，指定合理的连接参数，这样可以大大提高加工效率。当选择不同类型的操作时，"切削参数"对话框中"连接"选项卡的参数也会有所差别，"连接"选项卡一般包含"切削顺序""跨空区域""优化"和"开放刀路"等选项组。当选择"底壁加工"操作类型时，"连接"选项卡如图 2-1-28 所示。

1. 切削顺序

"切削顺序"选项组用于安排区域切削顺序以及为每个区域指定切削起点。系统提供有"标准""优化""跟随起点"和"跟随预钻点"四种类型。

①标准：指系统默认的切削区域的加工顺序，如图 2-1-29 所示。对于"平面铣"操作，系统一般使用边界的创建顺序作为加工顺序，或使用面的创建顺序作为加工顺序。但有的时候也有例外，系统可能会因为实际需要而分割或合并区域，这样顺序信息就会丢失，因此，如果此时选用"标准"选项，切削区域的加工顺序将是任意的。当使用"层优先"作为"切削顺序"来加工多个切削层时，系统将针对每一个层重复相同的加工顺序。

图 2-1-28 "连接"选项卡

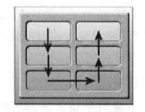

图 2-1-29 "标准"方式

②优化：系统根据最有效的加工时间自动决定各切削区域的加工顺序，如图 2-1-30 所示。系统确定的加工顺序可使刀具尽可能少地在区域之间来回移动，并且当刀具从一个区域移到另一个区域时刀具的总移动距离最短。当使用"层优先"作为"切削顺序"来加工多个切削层时，"优化"功能将确定第一个切削层中的区域加工顺序，第二个切削层中的区域将以相反的顺序进行加工，以缩短刀具在区域之间的移动时间。这种交替反向将一直持续下去，

直到所有切削层加工完毕。

③跟随起点:系统根据指定"切削区域起点"时所采用的顺序来确定切削区域的加工顺序,如图 2-1-31 所示。这些点必须是处于活动状态的,以便"区域排序"能够使用这些点。如果用户为每个区域均指定了一个点,系统将严格按照点的指定顺序来安排加工顺序。

④跟随预钻点:系统根据不同切削区域中指定的预钻孔下刀点的位置的选择顺序来决定各个切削区域的加工顺序,如图 2-1-32 所示。

图 2-1-30 "优化"方式   图 2-1-31 "跟随起点"方式   图 2-1-32 "跟随预钻点"方式

2. 跨空区域

"跨空区域"选项用于指定刀具遇到跨空区域(例如凹陷区域)时控制刀具的移动方式。系统提供有"跟随""切削"和"移刀"三种类型,如图 2-1-33 所示。

①跟随:刀具经过一个跨空区域时,提刀到一定高度,然后快速跨越到下一个切削区域。

②切削:刀具以正常切削进给率通过跨空区域,即忽略跨空区域。

③移刀:刀具沿着切削方向在跨空区域做快速运动。

在上述三种方式中,"跟随"类型最为安全,但是刀轨变长。

3. 优化

切削模式选择不同,"优化"选项所提供的参数也不同。当采用线性的切削模式时,"连接"选项卡将没有"优化"选项。"优化"选项有"跟随检查几何体"复选框。"跟随检查几何体"用于控制刀具是否跟随检查几何体做切削运动。勾选这个选项后,刀具将跟随检查几何体进行移动切削,如图 2-1-34(a)所示;如果关闭这个选项,刀具在遇到检查几何体时将抬刀,并做移刀动作,如图 2-1-34(b)所示。

图 2-1-33 "跨空区域"选项卡

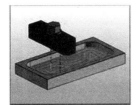
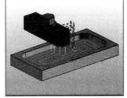

(a)打开   (b)关闭

图 2-1-34 跟随检查几何体的应用

4. 开放刀路

"开放刀路"用于指定刀具在开放刀路之间移动的连接方法。系统提供有"保持切削方向"和"变换切削方向"两种类型,如图 2-1-35 所示。

(1)保持切削方向:在开放刀路中,当完成一条刀路切削后,刀具将抬刀离开工件并做移刀运动到下一条刀路的起点,以保持每一条刀路具有相同的切削方向,如图 2-1-36(a)所示。

(2)变换切削方向:在开放刀路中,当完成一条刀路切削后,刀具将保持与工件接触做步进移动到下一条刀路的起点,并采用相反的切削方向进行切削,如图 2-1-36(b)所示。

图 2-1-35　"开放刀路"选项卡

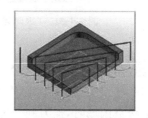 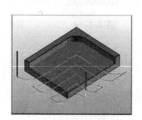

(a)保持切削方向　　(b)变换切削方向

图 2-1-36　"开放刀路"类型

(五)"空间范围"选项卡

如图 2-1-37 所示,"切削参数"对话框中的"空间范围"选项卡用于指定刀轨在拐角处的移动形状,产生光顺平滑的切削路径,这样可以有效减少刀具在拐角运动时偏离工件侧壁而引起的过切现象,有利于高速加工,还可以控制刀具做圆弧运动时的运动进给率,使刀轨中圆弧部分的切屑负载与线性部分的切屑负载一致。"空间范围"选项卡包含"毛坯""碰撞检查""小面积避让""参考刀具"和"陡峭"等选项组。

图 2-1-37　"空间范围"选项卡

1. 毛坯

"毛坯"选项组可以对毛坯相关参数进行设置。系统提供有"修剪方式"和"处理中的工件"两个参数。

(1)修剪方式。

"修剪方式"表示在没有明确定义毛坯几何体的情况下,"修剪方式"功能可自动识别出型芯部件的毛坯几何体。当"更多"选项卡的"容错加工"选项关闭时,会出现"无""外部边"两个选项;当"容错加工"选项打开时,会出现"无""轮廓线"两个选项。

①无:表示对刀路使用修剪功能,如图 2-1-38(a)所示。

②外部边:当"更多"选项卡的"容错加工"选项关闭时,出现"外部边"选项。该选项使用面、片体或曲面区域的外部边在每个切削层中生成刀

轨。方法是:沿着边缘定位刀具,并将刀具向外偏置,偏置值为刀具的半径,而这些定义部件几何体的面、片体或曲面区域与定义部件几何体的其他边缘不相邻。

③轮廓线:当"更多"选项卡的"容错加工"选项勾选时,出现"轮廓线"选项。该选项使用部件几何体的轮廓来生成刀轨,如图2-1-38(b)所示。方法是:沿着部件几何体的轮廓定位刀具,并将刀具向外偏置,偏置值为刀具的半径。可以将轮廓线当作部件沿刀轴投影所得的"阴影"。当使用"按轮廓修剪"同时打开"容错加工"时,系统将使用所定义的部件几何体底部的轨迹作为修剪形状。这些形状将沿着刀轴投影到各个切削层上,并且将在生成可加工区域的过程中用作修剪形状。

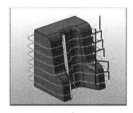 

(a)无　　　　　(b)轮廓线

图2-1-38　修剪方式

(2)处理中的工件。

"处理中的工件"用于指定操作剩余的材料,即生成一个操作后的残留毛坯,以便二次粗加工使用,英文缩写为IPW,含义是In Process Workpiece。当希望系统在生成刀轨时考虑先前操作剩余的材料时,可以在操作中使用IPW,不过打开IPW会增加刀轨计算时间,IPW不适于进行变换的操作。系统为"处理中的工件"选项提供了"无""使用3D"和"使用基于层"三种类型。

①无:使用现有的毛坯几何体或切削整个型腔。

②使用3D:控制型腔铣操作创建小平面几何体,并用其表示毛坯。

③使用基于层:控制被加工部分的毛坯要基于上一加工操作的切削剩余量,仅适用于型腔铣。

2.碰撞检查

"碰撞检查"选项组包含"检查刀具和夹持器""IPW碰撞检查"和"小于最小值时抑制刀轨"三个复选框。

(1)检查刀具夹持器:这个选项有助于避免夹持器与工件发生碰撞,并在操作中尽可能使用短的刀具。当打开这个选项后,系统将首先检查夹持器是否会与处理中的工件、毛坯几何体、部件几何体或检查几何体发生碰撞。任何将导致碰撞的区域都会从切削区域中移除,保证获得的刀轨在切削材料时不会与夹持器碰撞,如图2-1-39所示。

(2)IPW碰撞检查:当"检查刀具夹持器"选项被勾选后,"IPW碰撞检查"选项将被激活,此开关用于管理碰撞检查的快速打开或关闭,用于在模拟过程中,检查刀具和刀柄与加工后的剩余材料的碰撞,可以进一步提高生成刀路的安全性。

图2-1-39　"检查刀具夹持器"的设置

（3）小于最小值时抑制刀轨：系统根据剩余材料体积的最小值来控制刀轨的输出。

3. 参考刀具

要加工上一个刀具未加工到的拐角中剩余的材料时，可以使用"参考刀具"。参考刀具一般是用来对区域进行粗加工的刀具，系统计算指定的参考刀具剩下的材料，然后为当前操作定义切削区域。如果是因为刀具拐角半径而未加工到，则剩余材料会在壁和底面之间。如果是因为刀具直径过大而未加工到，则剩余材料会在壁之间。"参考刀具"有两个参数需要设置。

（1）参考刀具：在选项组或者刀库里选择上一步粗加工的刀具，如图2-1-40所示。

（2）重叠距离：指控制刀轨清除材料的最小厚度，如图2-1-41所示。该距离是按照参考刀具的直径沿着切面定义的区域宽度。只有当用户为参考刀具指定了偏置时，重叠距离才有效，可应用的重叠距离值限制在刀具半径内。

 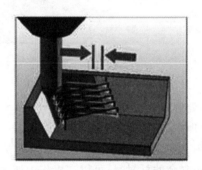

图 2-1-40　"参考刀具"的设置　　　　图 2-1-41　"重叠距离"的设置

4. 陡峭

只有在定义了"参考刀具"后，"陡峭"选项才被激活。该选项用于控制切削陡峭壁最小角度。在"角度"对应的文本框中填入数值即可。

【任务实施】

1. 打开模型文件，进入加工环境

（1）打开模型文件。启动 UG 10.0，打开教材案例 2-1，如图 2-1-42 所示。

（2）进入加工模块，选择"开始"→"加工"命令。

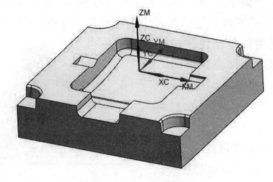

图 2-1-42　加工模型

任务实施模型

2.设置公用切削参数

(1)在编程环境下,在如图2-1-43所示的导航器工具栏中选择"几何视图",在工序导航器几何视图中显示零件的平面加工程序,如图2-1-44所示。

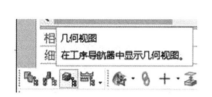

图 2-1-43 导航器工具栏　　　　　　图 2-1-44 工序导航器几何视图

(2)在如图2-1-44所示工序导航器中双击FLOOR_WALL,弹出"底壁加工"对话框,打开"刀轨设置"选项组,如图2-1-45所示。

(3)切削模式、步距的设置。

在"刀轨设置"选项组中,选择"步距"为"刀具平直百分比","平面直径百分比"选为70%,选择"切削模式"为"跟随周边",如图2-1-46所示。

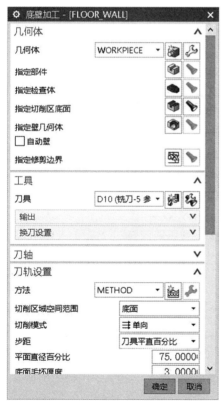

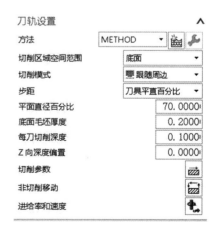

图 2-1-45 "底壁加工"对话框　　　　图 2-1-46 "刀轨设置"选项组

(4)进给率和速度设置。单击如图2-1-46所示的"进给率和速度"图标,弹出"进给率和速度"对话框,如图 2-1-47 所示,"主轴速度"设置为 2000 rpm,"进给率"设置为 1100 mmpm,单击"确定"按钮。

(5)切削参数设置。单击"切削参数"图标即可进入"切削参数"对话框,将"策略"选项卡中的"切削方向"设置为"顺铣",勾选"添加精加工刀路"复选框,如图 2-1-48 所示,单击"确定"按钮,返回"底壁加工"对话框。

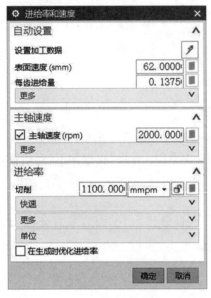

图 2-1-47 "进给率和速度"对话框

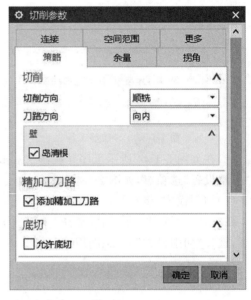

图 2-1-48 "策略"选项卡设置

(6)余量设置。单击"余量"按钮,完成余量设置,如图 2-1-49 所示。

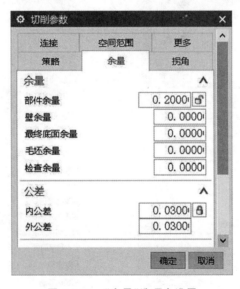

图 2-1-49 "余量"选项卡设置

(7)生成刀轨。单击"生成"图标 ▶ ,生成粗加工刀位轨迹。单击"确定",生成一个"FOOL_WALL"加工程序。

【效果评价】

项目名称	三轴加工	学生姓名	
任务名称	切削参数设置		
序号	考核项目	分值	考核得分
1	熟悉切削模式设置及参数含义	40	
2	熟悉步距设置及参数含义	10	
3	熟悉余量及拐角设置及参数含义	40	
4	学习汇报情况	5	
5	基本素养考核	5	
总体得分			

教师简要评语：

教师签名：

【任务思考】

1.常用的切削模式有哪几种？简述其功能应用。

2. 常用进刀方式有哪几种？绘图说明"斜坡角"的含义。

任务2.2 零件粗加工方法

【情境导入】

通过完成一个零件粗加工任务,培养学生根据工件加工的实际需要设置切削参数的能力,让学生充分掌握 CAM 编程中切削参数设置的功能与命令,合理安排粗加工切削参数,同时培养学生思考问题、解决实际问题的能力。

【任务要求】

掌握粗加工方法,掌握 UG 软件数控编程中切削参数设置的相关命令操作。

【知识准备】

一、型腔铣加工

型腔铣加工是根据工件型腔的形状,在深度方向上将工件分成多个切削层进行切削的加工方式,主要用于工件的粗加工,可以去除工件上大量的余量。型腔铣加工的特点是刀路简洁,效率高。

在"加工创建"工具条中单击"创建工序"按钮,弹出"创建工序"对话框,接着在"类型"中选择 mill_contour(图 2-2-1),打开"型腔铣"对话框,如图 2-2-2 所示。图 2-2-1 所示的工序子类型说明见表 2-2-1。

图 2-2-1 "创建工序"对话框

图 2-2-2 "型腔铣"对话框

表 2-2-1　工序子类型说明

序号	图标	工序子类型		说明
		英文名称	中文名称	
1		CAVITY-MILL	型腔铣	主要用于工件的开粗,模具加工主要使用该功能
2		PLUNGE-MILLING	插铣	用于高效插铣与低进给面铣加工
3		CORNER-ROUGH	拐角粗加工	主要用于毛坯的二次开粗
4		REST-MILLING	剩余铣	建议用于粗加工,由于部件余量、刀具大小或切削层而导致被之前工序遗留的材料

在实际加工中多使用"型腔铣"功能按钮进行操作加工,其他的功能按钮只是"型腔铣"功能按钮的一个部分。

下面详细讲述"型腔铣"对话框中一些重要的功能命令,其中在前面已经介绍过的功能将不再介绍。

1. 指定检查

指定检查表示通过指定工件中的面或体使刀具在切削过程中避开检查的区域。

单击"指定检查"图标,弹出"检查几何体"对话框,如图 2-2-3 所示,然后通过"选择对象"选择体或特征曲面。

2. 指定切削区域

指定切削区域表示通过指定加工面确定切削区域。单击"指定切削区域"图标,弹出"切削区域"对话框,如图 2-2-4 所示。

图 2-2-3　"检查几何体"对话框

图 2-2-4　"切削区域"对话框

3. 指定修剪边界

指定修剪边界表示通过指定或创建边界约束刀具的切削区域,保留或去掉边界内的刀轨。单击"指定修剪边界"图标,弹出"修剪边界"对话框,如图 2-2-5 所示。

"修剪侧"有两个选项:"内部"和"外部"。"内部"即将边界内的刀轨修剪掉,见图 2-2-5。"外部"即将边界外的刀轨修剪掉,图 2-2-6。

图 2-2-5 指定"修剪侧"为"内部"　　　　图 2-2-6 指定"修剪侧"为"外部"

4.切削层

"切削层"用于定义约束刀具的切削深度。单击"切削层"图标,弹出"切削层"对话框,如图 2-2-7 所示。

①范围类型:

自动:系统根据已选择加工面的结构特点自动将加工区域分割成若干切削层。

用户定义:通过选择点确定新的切削层。当需要在不同的切削层中设置不同的每刀深度,则需要使用"用户定义"的方式来创建新切削层。

单个:只生成一个切削层,即从工件的最高切削深度到最低切削深度。

②切削层:包括"恒定"和"仅在范围底部"两种形式,当选择"仅在范围底部"时,刀具只在切削层的底部进行切削。

③测量开始位置:包括"顶层""当前范围顶部""当前范围底部"和"WCS 原点"四种形式,如图 2-2-8 所示。

图 2-2-7 "切削层"对话框　　　　图 2-2-8 "测量开始位置"列表

二、非切削移动

此步骤主要设置刀具进刀和退刀等参数。单击"非切削移动"按钮,弹出"非切削移动"对话框,用于设定刀轨中与非切削移动相关的各种参数,这些加工参数直接控制了程序。这个对话框包含六个选项卡,分别是:"进刀"选项卡、"退刀"选项卡、"起点/钻点"选项卡、"转移/快速"选项卡、"避让"选项卡和"更多"选项卡。

(一)"进刀"选项卡

"进刀"选项卡用来设置刀具从零点位置运动到切削位置的运动方式,分为封闭区域和开放区域两种进刀方式,设置合理的进刀参数有助于避免出现部件内部进刀底面拉刀痕或过切部件等加工失误。

进入选项卡对话框操作步骤:在各种类型加工操作对话框"刀轨设置"选项组中单击"非切削移动",此时系统弹出"非切削移动"对话框,用户选择该对话框中的"进刀"选项卡,如图 2-2-9 所示,对进刀方式进行设置。

1. 封闭区域的进刀

单击"封闭区域"中"进刀类型"选项的下拉列表,可以选择进刀类型。UG NX 10.0 针对封闭区域为用户提供了四种进刀类型,分别是"螺旋""沿形状斜进刀""插削"和"无"。下面介绍这几种类型。

(1)螺旋。

"螺旋"进刀类型将帮助用户创建一个与第一个切削运动相切的、无碰撞的螺旋状进刀轨迹,程序会在进刀点形成螺旋线,刀具会沿此线进刀,有利于保护刀具。如果切向进刀会与部件碰撞,则"螺旋"进刀会离开部件,并在区域起点周围形成螺旋线。如果区域起点周围的"螺旋"进刀会与部件碰撞,则 UG NX 10.0 会调整"螺旋"进刀的刀路,使刀具按照"沿形状斜进刀"类型的内部刀路斜进刀。

"螺旋"进刀的一般规则是:如果系统无法根据输入的数据在材料外找到开放区域对部件进刀,则系统将驱使刀具倾斜进入切削层。

当切削模式选用"轮廓"时,在许多情况下刀具都有向部件进刀的空间,并且保留在材料外部。在这些情况下,系统不会驱使刀具倾斜进入切削层。如果用户在切削的型腔区域中创建的刀路数或设置的水平安全距离使得刀具没有可用于"螺旋"进刀的开放区域,刀具将倾斜进入切削层。

如果系统无法执行"螺旋"进刀或用户已指定"单向""往复"或"单向轮廓"切削模式,系统在驱使刀具对部件斜进刀时,刀具将沿着相对于刀轨的跟踪路线运动。同时,系统将驱动刀具沿远离部件壁的刀轨运动,以免刀具沿壁移动。刀具下降到切削层后,会步进到第一个切削刀轨(如有必要)并开始第一刀。

当用户选择"螺旋"选项后,系统将激活相关参数,可供设置的参数有直径、斜坡角度、高度、最小安全距离、最小斜面长度,如图 2-2-10 所示。

图 2-2-9 "非切削移动"对话框　　　　图 2-2-10 螺旋选项卡

①直径。

"螺旋"进刀方式默认的直径值为刀具直径的 90%。系统允许"螺旋"进刀轨迹与刀具有 10% 的重叠,这将防止在螺旋线中央留下一根立柱。如果加工区域小于用户指定的"螺旋"区域,系统会减小直径并重新尝试螺旋进刀。此过程会一直持续到进刀成功或刀轨直径小于"最小斜面长度"为止。"螺旋"进刀方式的"直径"参数如图 2-2-11(a)所示。

②斜坡角。

斜坡角是指系统控制刀具切入材料内的斜度,该角度是以与部件表面垂直的平面为基准测量得到的。该角度必须大于 0°且小于 90°。刀具从用户指定斜坡角与最小安全距离所生成的工件几何体的相交处开始倾斜移动。如果要切削的区域小于刀具半径,则不会发生倾斜,如图 2-2-11(b)所示。

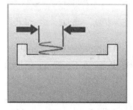 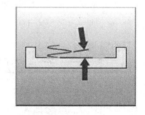

(a)直径　　　　　　(b)斜坡角

图 2-2-11 螺旋参数设置

③高度。

高度是指由用户指定刀具开始进刀时进刀点与参考平面的距离,它确定了进刀点高度位置,如图 2-2-12 所示。而"高度起点"则用来确定参考平面的位置,系统提供了三种方法:"当前层""前一层"和"平面"。用户可以在编写刀轨时根据实际情况指定一种最适合的方法。

• 当前层:高度值将从当前切削层的平面开始沿刀轴方向进行测量,如图 2-2-12(a)所示。

• 前一层:高度值将从前一个切削层的平面开始沿刀轴方向进行测量,如图 2-2-12(b)所示。

• 平面:高度值将从用户指定的平面开始沿刀轴方向进行测量,如图 2-2-12(c)所示。

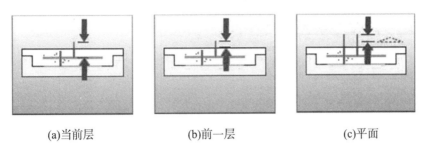

(a)当前层   (b)前一层   (c)平面

图 2-2-12　高度参数设置

④最小安全距离。

最小安全距离是指刀具远离部件的非加工区域的水平距离,如图 2-2-13 所示。具有"最小安全距离"参数的进刀类型包括"螺旋""沿形状斜进刀""圆弧""线性"和"线性相对于切削"。

⑤最小斜面长度。

最小斜面长度是指刀具从倾斜开始到倾斜结束时的进刀,如图 2-2-14 所示。如果需要使用非对中切削刀具(例如插入式刀具)对材料执行倾斜进刀或螺旋进刀,均应设置"最小斜面长度",这样可以保证倾斜进刀运动不在刀具中心下方留下未切削的小块或柱状材料。

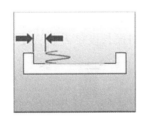　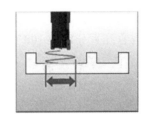

图 2-2-13　最小安全距离　　　图 2-2-14　最小斜面长度

"最小斜面长度"选项控制刀具在自动斜削或螺旋进刀切削材料时必须在最短距离移动。使用"最小斜面长度"功能对于需要在前导和后置插入物间留有足够重叠部分,从而有效地防止未切削材料接触到刀具。当切削区域太小时,程序没有为最小螺旋直径或最小斜面长度留下足够空间,则系统会自动更改进刀类型为"沿形状斜进刀"或"插削"。

(2)沿形状斜进刀。

沿形状斜进刀会帮助用户创建一个倾斜进刀,该进刀会沿第一个切削运动的形状移动。

"沿形状斜进刀"驱动刀具沿所有被跟踪的切削刀路倾斜,而不需要考虑形状。当与"跟随部件""跟随周边"和"轮廓"等切削模式结合使用时,进刀将根据步进是"向内"还是"向外"来跟踪"向内"或"向外"的切削刀路。

用户可以通过单击"进刀类型"选项的下拉列表,选择"沿形状斜进刀"选项。

"沿形状斜进刀"参数如图 2-2-15 所示。"斜坡角""高度""高度起点""最小安全距离"这几个参数的含义与"螺旋"进刀方式一样,下面介绍不同参数含义。

①最大宽度。

"最大宽度"是指刀具斜向切入的宽度,如图 2-2-16 所示。系统对于"最大宽度"提供了

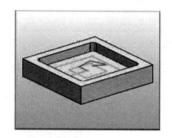

图 2-2-15 "沿形状斜进刀"参数

两种选项,解释如下:

• 无:进刀路径的宽度自动捕捉内部或外部第一个切削路径的宽度。

• 指定:由用户指定一个数值来限定进刀路径的宽度。

当使用"跟随部件""跟随周边"和"轮廓"加工切削模式时,倾斜进刀是跟踪"内部"还是"外部"的第一个切削路径,这取决于步进方向是"向内"还是"向外"。

②最小斜面长度。

最小斜面长度表示刀具必须从倾斜开始跟踪到倾斜结束的最小刀轨距离。图 2-1-17 显示的最小斜面长度与直径百分比为 100%,即最小斜面长度是刀具直径的 1 倍。

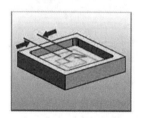
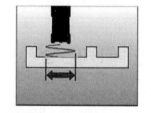

图 2-2-16　最大宽度参数　　　图 2-2-17　最小斜面长度参数

(3)插削。

"插削"进刀类型将产生一个线性运动的刀轨,如图 2-2-18 所示,刀具从进刀点开始沿刀轴反向(−ZM 方向)做线性运动,直至到达切削层的开始切削点为止,"插削"进刀类型参数"高度"指的是刀具开始进刀移动的进刀点高度。

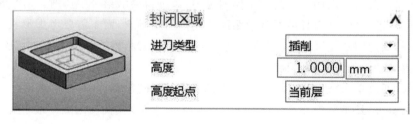

图 2-2-18　"插削"进刀类型

(4)无。

当用户选择"无"这种类型作为进刀方式时,系统将以默认的方式进刀。

2.开放区域的进刀

单击"开放区域的进刀"的下拉列表,可以选择进刀类型。UG NX 10.0针对开放区域为用户提供了九种进刀类型,分别是"与封闭区域相同""线性""线性-相对于切削""圆弧""点""线性-沿矢量""角度 角度 平面""矢量平面"和"无"。

(1)与封闭区域相同。

程序将按照在封闭区域进刀类型中定义的参数来控制刀具在开放区域的进刀。

(2)线性。

"线性"进刀方式将创建一个线性进刀轨迹,其方向可以与第一刀切削运动相同,也可设定角度和位置。如果没有设定"倾斜角度",刀具将先从进刀点开始沿着刀轴反向(-ZC方向)直线运动到切削层后,再沿着由旋转角度定义的方向运动,当用户选择"线性"进刀类型,"非切削移动"对话框中"开放区域"选项组变成如图2-2-19所示。这种进刀方式可供设置的参数有"长度""旋转角度""斜坡角""高度""最小安全距离"和"修剪至最小安全距离"。这些参数中,通常需要定义的是"长度""旋转角度""斜坡角"和"高度",它们共同定义了刀具开始进刀时的进刀位置、线性运动的方向。

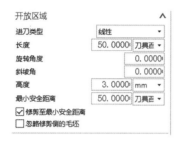
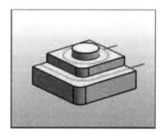

图 2-2-19 "线性"进刀类型

"长度""高度"和"最小安全距离"等的含义与"螺旋"进刀方式一样,其他参数做如下说明。

①旋转角度。

旋转角度指直线进刀路径与第一个切削路径的夹角,它在开始切削点按逆时针方向计算,如图2-2-20所示。具有"旋转角度"参数的进刀类型包括"线性""线性-相对于切削"和"角度 角度 平面"三种。"旋转角度"与"斜坡角"共同确定刀具做线性运动进刀的方向。

②斜坡角。

斜坡角指直线进刀路径与第二个切削路径的夹角,它在开始切削点沿逆时针方向计算,如图2-2-21所示。

③修剪至最小安全距离。

"修剪至最小安全距离"用来控制是否切除超过最小安全距离的进刀路径,使圆弧或直线进刀路径从最小安全距离的位置开始切刀。"修剪至最小安全距离"选项打开与关闭情形如图2-2-22所示。

图 2-2-20　旋转角度

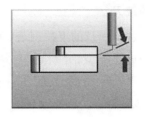

图 2-2-21　倾斜角度

(a)打开

(b)关闭

图 2-2-22　修剪至最小安全距离

（3）线性-相对于切削。

"线性-相对于切削"进刀类型用于创建一个相对于第一刀切削路线合理的刀轨路线,例如切入圆柱时,会自动按照几何相切的方式切入工件。这种进刀方式可供设置的参数有"长度""旋转角度""斜坡角""高度""最小安全距离"和"修剪至最小安全距离",如图 2-2-23 所示。

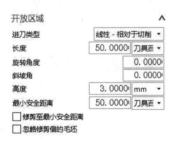

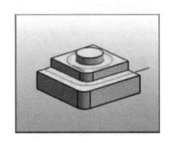

图 2-2-23　"线性-相对于切削"进刀类型

（4）圆弧。

"圆弧"会帮助用户创建一个与第一刀切削路线相切的圆弧进刀运动,一般应用于精加工。刀具首先从进刀点沿刀轴反向(−ZM 方向)到达切削层,然后从圆弧起点沿指定的半径开始做圆弧运动,直至到达切削层的开始切削点为止。这种进刀方式可供设置的参数有"半径""圆弧角度""高度""最小安全距离""修剪至最小安全距离"和"在圆弧中心处开始"。其中"半径""圆弧角度"和"高度"是三个关键参数,"半径"和"圆弧角度"共同确定圆弧运动起点位置,而进刀点则由圆弧起点处沿刀轴正方向的"高度"值确定。若用户设定了"最小安全距离"并且这个数值大于圆弧起点与部件的距离,则在圆弧运动前增加一段线性运动路径,如图 2-2-24 所示。

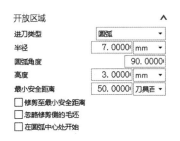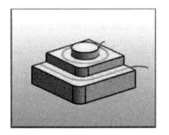

图 2-2-24 "圆弧"进刀类型

①圆弧角度。

圆弧角度指圆弧进刀时圆弧弧长对应的圆心角,在起始切削点沿逆时针方向计算,如图 2-2-25 所示。

②在圆弧中心处开始。

在圆弧中心处开始用于控制是否增加一段从圆弧中心开始的进刀路径,如图 2-2-26 所示。

(a)打开   (b)关闭

图 2-2-25 圆弧角度   图 2-2-26 在圆弧中心处开始

(5)点。

"点"帮助用户使用点构造器指定任意一点作为进刀点。刀具首先从进刀点开始沿刀轴反向(−ZC 方向)到达切削层,然后从指定点处沿直线运动,直至到达切削层的开始切削点为止。若用户指定了圆弧半径,则在开始切削点增加一段圆弧运动,使刀具平顺过渡到第一个切削路径。这种进刀方式可供设置的参数有"半径"和"高度"。同时,用户还可以指定进刀点的位置,首先单击"指定点"图标,系统弹出"点"对话框,然后根据需要设置初始进刀点位置,设置完毕后单击"确定"按钮即可完成点的设置,如图 2-2-27 所示。

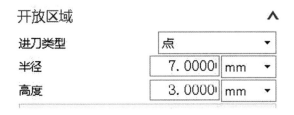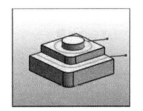

图 2-2-27 "点"进刀类型

(6)线性-沿矢量。

"线性-沿矢量"通过矢量构造器指定一个方向来定义进刀路线。刀具从进刀点开始沿指定的矢量方向做线性运动,直至到达切削层的开始切削点为止。这种进刀方式可供设置的参数有"指定矢量""长度"和"高度"等。其中"指定矢量"方向定义了刀具做进刀移动的方向。"长度"是沿矢量方向进行测量的路径长度,它确定了开始斜线进刀点的位置。"高度"是在开始斜线进刀点沿刀轴方向(+ZM方向)计算的一段直线长度,如图2-2-28所示。

图 2-2-28　"线性-沿矢量"进刀类型

(7)角度 角度 平面。

"角度 角度 平面"通过平面构造器指定一个平面作为进刀点高度位置,输入两个角度值决定进刀方向。刀具从进刀点开始沿指定的角度方向做线性运动,直至到达切削层的开始切削点为止。这种进刀方式可供设置的参数有"旋转角度""斜坡角"和"指定平面"等。进刀点位置是通过进刀的角度与进刀平面的交点确定的,如图2-2-29所示。

(8)矢量平面。

"矢量平面"通过矢量构造器指定矢量决定进刀方向,通过平面构造器指定平面决定进刀点,这种进刀运动是直线的。刀具从进刀点开始沿指定的矢量方向做线性运动,直至到达切削层的开始切削点为止,如图2-2-30所示。

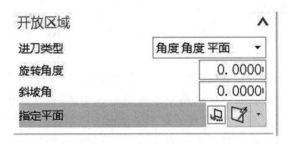

图 2-2-29　"角度 角度 平面"进刀类型

图 2-2-30　"矢量平面"进刀类型

(9)无。

"无"表示用户不指定任何进刀方式,系统采用默认的进刀方式。

(二)"退刀"选项卡

"退刀"选项卡用来设置切削结束后刀具的运动方式,该选项卡有"退刀"和"最终"两个选项组,如图 2-2-31 所示。"退刀"选项组指定刀具在完成一个区域的切削后的退刀类型,"最终"选项组指定刀具在完成所有区域的切削后的退刀类型。"退刀类型"有 10 种方式,分别是"与进刀相同""线性""圆弧""点""线性-沿矢量""抬刀""沿矢量""角度 角度 平面""矢量平面"和"无"。除了"抬刀"方式不同外,其他方式的参数设置效果与"进刀"选项卡相同,这里不再赘述。下面只介绍"抬刀"退刀类型。

"抬刀"是指刀具在切削运动结束时采用竖直退刀方式,如图 2-2-32 所示。这种退刀方式需要设定"高度"参数,定义退刀移动路径的长度。

图 2-2-31 "抬刀"退刀类型

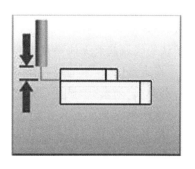

图 2-2-32 竖直退刀方式

(三)"起点/钻点"选项卡

"起点/钻点"选项卡是刀具进入工件时的进刀位置,以及在工件中刀具开始切削的切削点位置。"起点/钻点"选项卡有三个选项组,分别是"重叠距离""区域起点"和"预钻点",下面分别介绍这些参数的设置。

1. 重叠距离

"重叠距离"是指在切削过程中刀轨进刀路线与退刀路线的重合长度,如图 2-2-33 所示,用户设置的"重叠距离"表示总重叠距离。为什么要设置"重叠距离"呢?通常在一个封闭的刀轨内,起始切削点和结束切削点为相同的位置,由于刀具等因素,工件侧壁上经常会留下刀痕或多余材料。设定一定长度的重叠距离,就可以使得刀具在完成一个封闭路径回到起始切削点位置时再向前运动一定距离后才退刀,实现了重叠切削,可确保不留下残余材料,并避免在工件的进刀和退刀位置出现刀痕,从而提高了零件的表面质量。

2. 区域起点

"区域起点"用于定义刀具初始进刀位置。

(1)默认区域起点。

"默认区域起点"有两个选项,如图 2-2-34 所示,分别是"中点"和"拐角",系统默认为"中点"。"默认区域起点"主要应用在型腔铣和深度铣操作中,当使用这两种操作模式切削封闭形状时,若选择"中点"选项,系统会在最长直线段上定位中点作为区域起点,以查找每个切削层的可加工区域形状,如果系统找不到最长的直线段,就会寻找最长的分段。这为"圆弧"进刀和退刀提供了更多空间,并降低了切削在拐角处开始的可能性。若选择"拐角"选项,系统则把边界的起点作为区域起点。

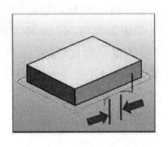

图 2-2-33 "重叠距离"参数

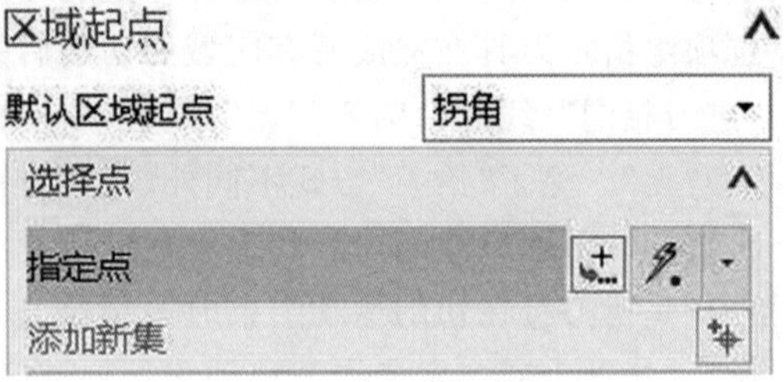

图 2-2-34 "默认区域起点"选项

（2）选择点。

若默认的区域起点无法满足需要,用户可以使用"指定点"选项组来指定一个或多个区域起点。"指定点"选项组通过选择"预定点"或使用"点构造器"来定义点,如图 2-2-35 所示。所选择的点会在"列表"中显示,系统允许用户删除不需要的点。

（3）有效距离。

"有效距离"用于设定距离以忽略某些区域的起点,如图 2-2-36 所示。当指定多个点作为区域起点时,若设置"有效距离"为"指定",则系统允许输入一个最大值,这样系统可以忽略这个距离以外的点。若选择"无"作为"有效距离"的参数,则系统不会忽略任何点。

图 2-2-35 "指定点"选项

图 2-2-36 "有效距离"选项

3. 预钻点

"预钻点"选项组用于定义已经预先钻好的孔,"预钻点"参数设置界面如图 2-2-37 所示。在型腔切削模式下,若采用自动进刀模式则需要定义进刀位置。因此,当在该切削区域切削时,要求切削起点尽可能地靠近定义点的位置。在默认情况下,系统会根据每个切削层的边界自动确定一个预钻点。如果自定义的预钻点不能满足用户的需要,则可以在"选择点"选项组内指定一个或多个预钻点。

（四）"转移/快速"选项卡

"转移/快速"选项卡用于指定刀具从一个切削刀路运动到下一个切削刀路的移动方式及参数,如图 2-2-38 所示。在 UG NX 10.0 的加工环境下,系统驱动刀具移动的过程通常是首先驱使刀具移动到一个指定的平面（例如安全平面）,然后驱使刀具移动到该平面高于进刀点的位置,最后驱使刀具从指定平面进入进刀点。"转移/快速"选项卡有"安全设置""区域之间""区域内"和"初始和最终"选项组,下面分别介绍这些参数的设置。

图 2-2-37 "预钻点"参数设置

图 2-2-38 "转移/快速"选项卡

1. 安全设置

"安全设置"用于指定一个合适的安全平面,使刀具抬起到该平面做横越移动,以安全跨过障碍物而避免发生碰撞。"安全设置选项"包括九种类型,分别是"使用继承的""无""自动平面""平面""点""包容圆柱体""圆柱""球"和"包容块"。

(1)使用继承的:系统将使用机床坐标系中所指定的安全平面,如图 2-2-39(a)所示。

(2)无:刀轨将不会使用安全平面,如果不指定安全平面,在某种情况下系统会出现警告对话框,如图 2-2-39(b)所示。

(3)自动平面:系统将沿刀轴方向(+ZM 方向)计算部件几何体的最高位置,这个高度再加上"安全距离",即为安全平面,如图 2-2-39(c)所示。

(4)平面:使用"平面构造器"来定义安全平面,如图 2-2-39(d)所示。

(5)点:使用"点"对话框指定一个点来定义安全刀具传递或快速运动,如图 2-2-39(e)所示。

(6)包容圆柱体:指定一个包裹部件几何体的圆柱体作为安全几何体。圆柱体尺寸由部件几何体形状和"安全距离"确定。系统假设刀具在圆柱体以外空间的运动是安全的,如图 2-2-39(f)所示。

(7)圆柱:指定一个点、矢量和半径来定义一个圆柱体作为安全几何体。圆柱体的长度是无限长的,系统假设刀具在圆柱体以外空间的运动是安全的,如图 2-2-39(g)所示。

(8)球:指定一个点和半径来定义一个球体作为安全几何体,系统假设刀具在球体以外空间的运动是安全的,如图 2-2-39(h)所示。

(9)包容块:用户指定一个包裹部件几何体的方块体作为安全几何体。方块体尺寸由部件几何体形状和"安全距离"确定。系统假设刀具在包裹块以外空间的运动是安全的,如图 2-2-39(i)所示。

2. 区域之间

此选项组用于在较长的距离或在不同的切削区域之间清除障碍物而添加进刀和退刀移动。通过指定一个合适的转移类型,达到避免撞刀、缩短刀具空切时间的目的。它的主要参数是"转移类型"。

"转移类型"选项包括七个参数:"安全距离-刀轴""安全距离-最短距离""安全距离-切割

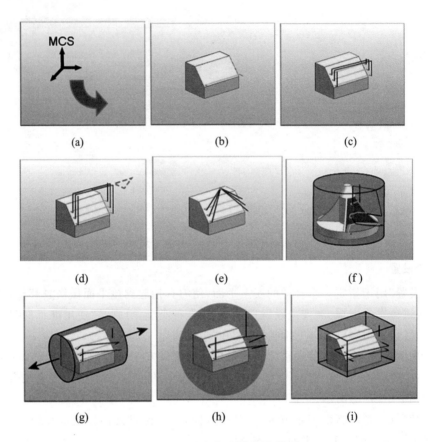

图 2-2-39 "安全设置选项"类型

平面""前一平面""直接""Z 向最低安全距离"和"毛坯平面"。

(1)安全距离-刀轴:使刀具在完成退刀后沿刀轴+ZM 方向抬起到由"安全距离"选项组所指定的安全平面,然后在该平面内做移刀运动到下一个路径进刀点的上方,最后沿刀轴-ZM 方向运动到进刀点,如图 2-2-40(a)所示。

(2)安全距离-最短距离:使刀具退回到一个系统认为是最短距离的安全平面,再做移刀运动,如图 2-2-40(b)所示。

(3)安全距离-切割平面:使刀具沿切削平面退回到安全几何体内,再做移刀运动,如图 2-2-40(c)所示。

(4)前一平面:使刀具在完成退刀后沿刀轴+ZM 方向抬起到前一切削层上方"安全距离"定义的平面,然后在该平面内做移刀运动到下一个路径进刀点的上方,最后沿刀轴-ZM 方向运动到进刀点。若没有任何前一层的平面是安全的,则刀具抬起到安全平面做移刀运动,如图 2-2-40(d)所示。

(5)直接:使刀具在完成退刀后沿直线运动到下一个切削区域的进刀点,如果未指定进刀移动,则直接运动到初始切削点,如图 2-2-40(e)所示。若在提刀过程中遇到障碍物发生干涉,刀具将先抬起到"安全距离"所指定的安全平面,再做移刀运动到下一个切削区域的进刀点上方。如果没有定义安全平面,则刀具抬起到系统隐含的最高平面做移刀运动。

(6)Z 向最低安全距离:使刀具在完成退刀后沿直线运动到下一个切削区域的进刀点,如果未指定进刀移动,则直接运动到切削点。产生的刀轨与"直接"类型相似。但是当发生干涉时,刀具将抬起到岛屿上面第一个切削层上方"安全距离"所定义的平面做移刀运动,如图 2-2-40(f)所示。

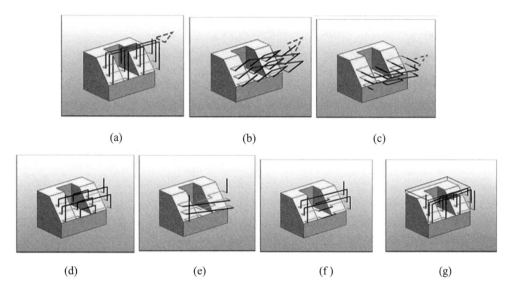

(a) (b) (c)

(d) (e) (f) (g)

图 2-2-40 "区域之间"类型

(7)毛坯平面:使刀具在完成退刀后沿刀轴+ZM 方向抬起到毛坯几何体平面上方"安全距离"定义的平面,然后在该平面内做移刀运动到下一个路径进刀点的上方,最后沿刀轴−ZM 方向运动到进刀点,如图 2-2-40(g)所示。

3. 区域内

"区域内"选项组用于在较短的距离内清除障碍物而添加进刀和退刀移动,包括两个子选项。

(1)转移方式。

转移方式用于指定刀具在区域内做移刀移动时的进刀和退刀移动类型,以区别于在区域之间的进刀和退刀移动方式。系统提供三种方式,分别是"进刀/退刀""抬刀和插削"和"无"。

①进刀/退刀:在区域内的移刀运动将使用"进刀/退刀"选项卡所指定的进刀和退刀移动类型,如图 2-2-41(a)所示。

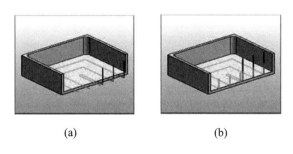

(a) (b)

图 2-2-41 "转移方式"参数设置

②抬刀和插削:在区域内的移刀运动将使用"插削"移动类型进刀,使用"抬刀"移动类型退刀。但在区域之间仍然使用"进刀/退刀"选项卡所指定的进刀和退刀移动类型,如

图 2-2-41(b)所示。

③无：在区域内的移刀运动没有进刀和退刀移动。但在区域之间仍然使用"进刀/退刀"
选项卡所指定的进刀和退刀移动类型。

(2)转移类型。

区域内的"转移类型"参数与区域之间的"转移类型"参数相同。

4.初始和最终

"初始和最终"用于指定刀轨中第一个逼近移动类型和最后一个离开移动类型,不同于
刀轨内部的逼近和分离移动类型。"初始和最终"选项组有"逼近类型"和"离开类型"两组参
数,如图 2-2-42 所示。这些参数的含义与区域之间的"转移类型"的含义相同。

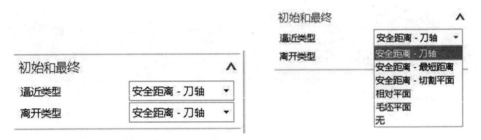

图 2-2-42 "初始和最终"选项参数设置

(五)"避让"选项卡

"避让"选项卡用于设置相关参数以避免刀具在做非切削移动时出现切入冲击或撞刀等
干涉现象。"避让"选项卡为用户提供"出发点""起点""返回点"和"回零点"四个选项组参
数,如图 2-2-43 所示。

1.出发点

"出发点"在新刀轨开始时指定刀具的初始位置。如果在"点选项"中选择"指定",用户
将可以通过"点构造器"来定义出发点,如图 2-2-44 所示;选择"无"将不指定任何点。同时可
以在"刀轴"中选择"选择刀轴",通过"矢量"对话框来定义刀轴的方向,一般在多轴加工的情
况下才需要指定刀轴的方向。

图 2-2-43 "避让"选项卡

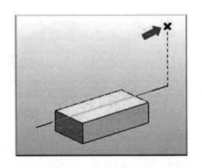

图 2-2-44 "出发点"→"指定"

2. 起点

"起点"是指为刀具避让几何体或装夹组件(例如机床夹具、虎钳等)指定一个刀具位置,如图 2-2-45 所示。如果在"点选项"中选择"指定",用户就可以通过"点构造器"来定义起点;选择"无"将不指定任何点。

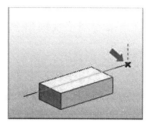

图 2-2-45　"起点"选项组

3. 返回点

"返回点"是指为刀具指定切削运动结束后离开工件的刀具位置,如图 2-2-46 所示。如果在"点选项"中选择"指定",用户就可以通过"点构造器"来定义返回点;选择"无"将不指定任何点。

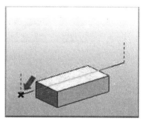

图 2-2-46　"返回点"选项组

4. 回零点

"回零点"是用于指定最终刀具位置。"回零点"选项组有"点选项"和"刀轴"两个选项。

(1)点选项。

"点选项"有四种类型,分别是"无""与起点相同""回零-没有点"和"指定"。

①无:表示不设置回零点,如图 2-2-47(a)所示。

②与起点相同:系统将"回零点"与"起点"设置为同一个点,如图 2-2-47(b)所示。

③回零-没有点:驱动刀具返回零点,但是不生成点,如图 2-2-47(c)所示。

④指定:使用"点构造器"创建"回零点",如图 2-2-47(d)所示。

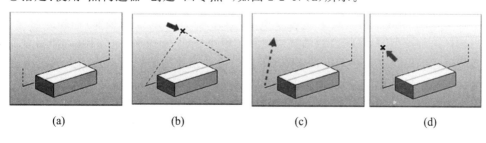

(a)　　　　　(b)　　　　　(c)　　　　　(d)

图 2-2-47　回零点"点选项"参数

(2)刀轴。

"刀轴"选项允许用户通过矢量对话框来定义刀轴的方向,一般在多轴加工的情况下才需要指定"刀轴"的方向。

(六)"更多"选项卡

"更多"选项卡用于设定是否在非切削移动时进行碰撞检查,以及是否使用刀具补偿功能。"更多"选项卡有两个选项组,分别是"碰撞检查"和"刀具补偿"。

1.碰撞检查

"碰撞检查"主要用于控制在非切削移动时,系统是否对刀具与部件几何体和检查几何体之间的碰撞进行检测。"碰撞检查"复选框被勾选,表示进行碰撞检查,如图 2-2-48 所示,系统将保证刀具与部件几何体和检查几何体之间保持一定的距离(安全距离)。如果不进行"碰撞检查",在进刀、退刀和移刀过程中就有可能出现过切现象,对操作安全留有隐患,因此,一般建议用户勾选此项。

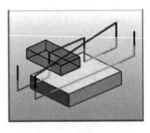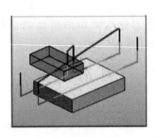

(a)打开 　　　　　　　　　(b)关闭

图 2-2-48 "碰撞检查"选项

2.刀具补偿

在实际加工中,对于因刀具直径尺寸偏差而引起的加工精度误差,可使用刀具补偿功能。当用户使用不同尺寸的刀具进行切削时,采用"刀具补偿"针对一个刀轨可获得相同的结果。在 UG NX 10.0 的加工模块中,平面铣、型腔铣和线切割的加工处理器都提供了刀具补偿功能。这个功能仅仅适用于跟随部件、跟随周边、摆线和轮廓等切削模式,其他模式是不适合的。

"刀具补偿位置"用于指定是否使用刀具补偿功能,还用于设置刀轨中的使用刀具补偿的位置及取消补偿的位置。这个选项有如下三个参数:

(1)无。

"无"表示在刀轨中不使用刀具补偿功能,如图 2-2-49(a)所示。

(2)所有精加工刀路。

系统将在所有精加工刀路中的进刀和退刀之间使用刀具补偿功能,如图 2-2-49(b)所示。当选择这种类型时,系统会激活其他参数:"最小移动"选项表示在圆弧运动起点前增加的一段线性运动路径;"最小角度"选项表示最小移动路径与圆弧运动进刀点或退刀点切线的角度;"如果小于最小值,则抑制刀具补偿"选项用于控制是否抑制刀具补偿;"输出平面"选项用于控制在刀具补偿中是否输出刀具补偿的平面代码,如果打开这个选项,则输出 XY 平面的功能代码 G17。

(3)最终精加工刀路。

系统将在最后一个精加工刀路中的进刀和退刀之间使用刀具补偿功能,如图 2-2-49(c)所示。

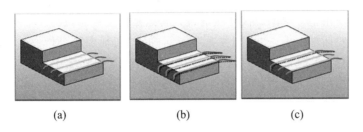

(a)   (b)   (c)

图 2-2-49 "刀具补偿"参数设置

三、型腔铣二次开粗

型腔铣二次开粗就是使用小的刀具将上一步没有加工到的部位重新加工,包括"参考刀具""使用 3D"和"使用基于层的",这三种方式各具优缺点。

1. 参考刀具

在"型腔铣"对话框中单击"切削参数"图标,弹出"切削参数"对话框。在"切削参数"对话框中选择"空间范围"选项卡,如图 2-2-50 所示。在"参考刀具"下拉列表中选择"参考刀具"或单击"新建"按钮创建新的刀具。

使用参考刀具进行二次开粗时,应该注意以下问题。

(1)二次开粗时使用最合适的刀具,确保刀具能加工到最多的区域,如果加工区域太小则考虑使用电火花加工。

(2)使用参考刀具进行二次开粗时,要认真检查生成的刀路或通过实体模拟验证刀路的正确性,避免产生撞刀现象。

(3)进行二次开粗时,二次开粗余量一定要设置得稍大于第一次开粗的余量,否则刀杆容易碰到侧壁。

2. 使用 3D

在"型腔铣"对话框中单击"切削参数"图标,弹出"切削参数"对话框。在"切削参数"对话框中选择"空间范围"选项卡,然后在"处理中的工件"下拉列表中选择"使用 3D"选项,如图 2-2-51 所示。

图 2-2-50 "参考刀具"设置   图 2-2-51 "空间范围"选项卡

3.使用基于层的

"使用基于层的"就是系统自动对上一步开粗加工所剩的余量进行的二次开粗,继续去除更多的余量。使用基于层的二次开粗的最大特点是安全可靠,提刀不多。

在"型腔铣"对话框中单击"切削参数"图标,弹出"切削参数"对话框。在"切削参数"对话框中选择"空间范围"选项卡,然后在"处理中的工件"下拉列表中选择"使用基于层的"选项,如图 2-2-51 所示。

【任务实施】

1.打开模型文件,进入加工环境

(1)打开模型文件。启动 UG 10.0,打开教材案例 2-2,如图 2-2-52 所示。

(2)进入加工模块,选择"开始"→"加工"命令。

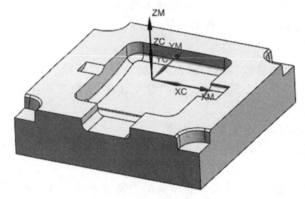

图 2-2-52 加工模型

任务实施模型

2.设置零件、毛坯、加工坐标系

(1)打开"WORKPIECE",在"指定部件""指定毛坯"中设置零件、毛坯,如图 2-2-53 所示。

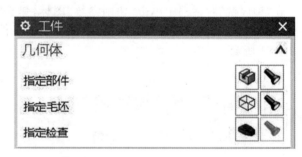

图 2-2-53 零件、毛坯设置

(2)打开"格式"→"WCS"→"定向",将坐标设定在零件顶面。

(3)坐标统一,打开"MCS 铣削"对话框,如图 2-2-54 所示,选择"指定 MCS"中"CSYS",弹出"CSYS"对话框,将"参考 CSYS"中"参考"设置为"WCS",如图 2-2-55 所示。

图 2-2-54　坐标统一

图 2-2-55　"CSYS"对话框

3. 开粗加工,设置"型腔铣"参数

(1)插入子程序类型为"型腔铣",将名称命名为"开粗加工",如图 2-2-56 所示。设置刀具规格为 D10R0.5,刀轨参数设置如图 2-2-57 所示。

(2)如图 2-2-58 所示,设置"策略"选项卡和"余量"选项卡中的参数。

(3)设置"进给率和速度"参数,如图 2-2-59 所示。

图 2-2-56　创建工序

图 2-2-57　"刀轨设置"选项组

图 2-2-58　设置切削参数

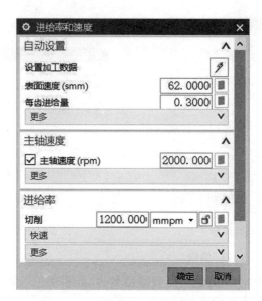

图 2-2-59　设置"进给率和速度"参数

(4)设置"非切削移动"参数,如图 2-2-60 所示。

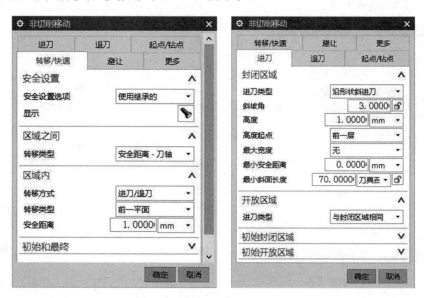

图 2-2-60　设置"非切削移动"参数

4.二次开粗加工

(1)设置二次开粗刀具为 D4R0.5,切削用量等参数如图 2-2-61 所示。

(2)打开"切削参数"中"空间范围",将"参考刀具"设置为 D10R0.5,"重叠距离"设置为0.5,如图 2-2-62 所示。

(3)"进给率和速度"参数设置同图 2-2-59。

设置完毕后,生成程序。

图 2-2-61 设置刀轨参数

图 2-2-62 设置参考刀具

【效果评价】

项目名称	三轴加工	学生姓名	
任务名称	零件粗加工方法		
序号	考核项目	分值	考核得分
1	熟悉型腔铣加工方法	40	
2	熟悉起钻点、快速转移设置及参数含义	10	
3	熟悉进刀、退刀设置及参数含义	40	
4	学习汇报情况	5	
5	基本素养考核	5	
总体得分			

教师简要评语：

教师签名：

【任务思考】

1.绘图说明"起点/钻点"选项卡中"重叠距离"的含义。

_____

_____

_____

_____

2.绘图说明"转移/快速"选项卡中"前一平面"的含义。

_____

_____

_____

_____

任务2.3 非曲面特征加工方法

【情境导入】

通过完成一个零件平面、陡峭面加工任务,培养学生根据工件加工的实际需要设置切削参数的能力,让学生充分掌握 CAM 编程切削参数设置的功能与命令,合理安排平面、陡峭面加工的切削参数,同时培养学生思考问题、解决实际问题的能力。

【任务要求】

掌握平面加工方法,掌握 UG 软件数控编程中切削参数设置的相关命令操作。

【知识准备】

一、平面加工

平面加工主要用于移除工件平面层中的材料。平面加工模板一共有 15 种类型,其中平面铣削加工和面铣加工是最基本的操作,它们创建的刀轨都是基于平面曲线进行偏移获得的。因此,平面铣削加工轨迹和面铣削加工轨迹实际上都是基于曲线的二维刀轨。与其他加工软件如 Master CAM、Cimatron 比较,UG NX 10.0 创建曲线刀轨的功能更加强大,更加方便。这些类型的加工操作最常用于粗加工工件,也可用于壁面为直壁的平面零件精加工,还可用于岛屿的顶面和腔体的底面为平面的零件精加工。

平面铣削加工和面铣削加工是 UG NX 10.0 提供的 2.5 轴加工的操作,平面铣削加工通过定义的边界在 XY 平面上创建刀轨。面铣削加工是平面铣削加工的特例,它基于平面的边界,在选择了部件几何体的情况下,可以自动防止过切。平面铣削加工和面铣削加工有各自的特点和适用范围。

(一)平面铣削的特点

在加工环境对话框中,先在"CAM 会话配置"中选择一种 CAM 配置,然后在"要创建的 CAM 配置"中选择一个 CAM 设置,最后单击"确定"按钮。平面铣削是一种 2.5 轴的加工方式。在加工过程中,产生在水平面内的 X、Y 两轴联动,而对 Z 轴方向只有在完成上一切削层的加工后,刀具才下降到下一切削层进行加工。平面铣削的加工对象是边界,平面铣削主要适用于对侧壁垂直而底面或顶面为平面的工件加工,例如型芯和型腔的基准面、台阶平面和底平面,同时也适用于挖槽和外轮廓加工等。

平面铣削的特点如下:

(1)X、Y 两轴联动,加工速度相对于其他加工类型都快,刀具轨迹是创建在与 XY 平面平行的零件平面切削层上。刀轴总是沿 Z 轴固定且垂直于 XY 平面,零件侧面平行于刀轴 Z 方向。

(2)刀具轨迹生成速度快,编辑方便,能很好地控制刀具在边界上的位置。

(3)常用刀具是平刀,既适用于粗加工,也适用于精加工。

（4）它采用边界定义刀具切削运动区域，刀具将会一直切削至用户指定的底面。

（5）它既可以用于挖槽加工，也可以用于外轮廓加工。

（二）面铣削的特点

面铣削加工可以看作平面铣削加工的特例，一般用来精加工。面铣削的平面或边界必须垂直于刀具轴，否则加工面上将不能生成刀具轨迹。面铣削适用于多个平面底面的精加工，也可以用于粗加工和侧壁的精加工。所加工的工件侧壁可以是不垂直的，例如复杂型芯和型腔上多个平面的精加工。

（三）平面铣参数设置

1. 几何体类型

在加工环境对话框中，先在"CAM 会话配置"中选择一种 CAM 设置，然后在"要创建的 CAM 设置"中选择一个 CAM 设置，最后单击"确定"按钮。在"平面铣"对话框中有五种几何体边界，分别是"指定部件边界""指定毛坯边界""指定检查边界""指定修剪边界"和"指定底面"。用户可以通过按钮来显示或关闭边界。单击相应边界按钮，进入该类型边界的"编辑边界"对话框，就可以定义几何体边界，如图 2-3-1 所示。

（1）指定部件边界。

"指定部件边界"是必须定义的，主要用于定义加工完成后的工件形状。对于平面铣削，只能选择边界，可为开放边界，也可为封闭边界，有四种定义模式，分别是"面""曲线/边""边界"和"点"。这几种模式在前面章节中已经有介绍，这里就不再赘述。

（2）指定毛坯边界。

"指定毛坯边界"用于定义将被切削材料的范围，控制刀轨的加工范围。"指定毛坯边界"的定义和"指定部件边界"的定义方法类似，对于平面铣削，只能选择边界，且必须是封闭边界。毛坯几何体可以不被定义，若没有定义毛坯几何体，系统会自动生成合适的毛坯。

（3）指定检查边界。

"指定检查边界"用于定义刀具需要避让的位置，例如压铁、虎钳等，在检查边界区域内是不产生刀具轨迹的。"指定检查边界"的定义方法和"指定毛坯边界"的定义方法类似，而且必须是封闭边界，也可以用于进一步控制刀位轨迹的加工范围。对于平面铣削，该选项只能定义边界。

（4）指定修剪边界。

"指定修剪边界"用于修剪刀位轨迹，去除修剪边界内侧或外侧的刀轨，可以进一步控制刀具的运动范围。"指定修剪边界"的定义方法和"指定部件边界"的定义方法类似，而且必须是封闭边界。修剪几何体和检查几何体都用于更好地控制加工刀轨的范围，都可以设定余量。

它们的区别在于，检查边界为避免被切削，需要计算刀轨，且要考虑检查边界的深度。而修剪边界只是对刀轨的单纯修剪。修剪几何体可以不被定义。

（5）指定底面。

"指定底面"用来定义最深的切削面，只用于平面铣削操作，且必须被定义，如果没有定义底面，平面铣削将无法计算切削深度。底面可以利用平面构造器设定加工深度，也可以直接选择被加工零件的曲面作为底面。当用户单击"指定底面"图标后，系统将弹出如图 2-3-2

所示对话框,它允许用户使用点、曲线、面和基准平面等几何对象定义底平面,也可以在坐标平面 XC-YC、YC-ZC、XC-ZC 中输入坐标值来定义底平面。

图 2-3-1 几何体类型

图 2-3-2 指定底面

2.平面铣主要参数设置

在平面铣加工过程中,一般需要进行多层切削,为此系统提供了"切削层"选项,主要用来设置刀具切削深度。切削深度,一般以岛屿顶面、底面、平面或者输入的值来定义,用来确定多深度切削操作中每个切削操作层的吃刀量。显然,只有当刀轴垂直于底面,或者工件边界平行于工件平面时,切削深度输入值才有效,否则,系统只是在底平面上创建加工刀轨。"切削层"选项位于"平面铣"对话框的"刀轨设置"选项组中,如图 2-3-3 所示。用户单击切削层图标,系统将弹出"切削层"对话框,如图 2-3-4 所示。

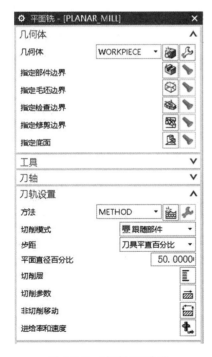

图 2-3-3 "切削层"选项

图 2-3-4 "切削层"对话框

(1)类型。

在"切削层"对话框中,"类型"下拉列表用于定义切削深度的方式,选择不同的方式,需要输入的参数不同,但无论选择哪一种方式,在底面总可以产生一个切削层。

①用户定义。

"用户定义"允许用户自定义切削深度。选择该选项时,对话框下部所有参数选项被激活,可以在对应的文本框中输入数值,如图 2-3-5 所示。根据实际情况,可以分别设定"公共""最小值""离顶面的距离""离底面的距离"和"增量侧面余量"等参数值。当然用户也可以仅设定"公共"参数值,并且必须设置此项。这是一种最常用的深度定义方法。

图 2-3-5 "用户定义"类型

当各个参数都设定了数值时,系统在确定切削层深度时会首先确保第一个切削层的深度为"离顶面的距离"值、最后一个切削层的深度为"离底面的距离"值。切削余量在每一个部件边界平面之间进行均分,使得每一个切削层的实际深度不得大于所设定的"公共"值,也不得小于所设定的"最小值"。如果切削余量无法均分,则增加切削的次数,以确保实际的切削层深度处于指定的范围内。

②仅底面。

"仅底面"指在底面创建唯一的切削层,系统只产生一个在底面上的刀轨。选择该项时,对话框下面所有参数不被激活,如图 2-3-6 所示。

③底面及临界深度。

"底面及临界深度"指在底面和岛屿顶面创建切削层,岛屿顶面切削层不会超出所创建的岛屿边界。选择该项时,对话框下部的所有参数均不被激活,如图 2-3-7 所示。

图 2-3-6 "仅底面"类型

图 2-3-7 "底面及临界深度"类型

④临界深度。

"临界深度"在岛屿的顶面创建一个平面切削层,该选项与"底面及临界深度"的区别在于,所生成的切削层的刀轨将完全切除岛屿顶面切削层平面上的所有毛坯材料。选择此项时,对话框下部的"离顶面的距离""离底面的距离"和"增量侧面余量"选项将被激活。"离顶面的距离"和"离底面的距离"分别用于定义第一个和最后一个切削层的深度,如图 2-3-4 所示。

⑤恒定。

"恒定"将指定一个固定的深度值来产生多个切削层。用户设定"公共"值定义切削层的深度,系统将对整个切削深度进行均分,使每一个切削层的深度均等于设定的"公共"值。选择该选项时,对话框下面的"临界深度顶面切削"复选框被激活,如图 2-3-8 所示。

(2)其他参数。

在"切削层"对话框中,选择不同的"类型"选项,一些附加参数将被激活,这些被激活的参数含义如下：

①公共。

"公共"用于定义"离顶面的距离"和"离底面的距离"切削层之外可能的最大切削层深度。

②最小值。

"最小值"用于定义"离顶面的距离"和"离底面的距离"切削层之外可能的最小切削层深度。

③离顶面的距离。

"离顶面的距离"用来设定第一个切削层的深度,该深度从毛坯边界(或部件边界)平面开始测量。

④离底面的距离。

图 2-3-8 "恒定"类型

"离底面的距离"用来设定在底面最后一个切削层的深度,该深度从底面开始测量,如果"离底面的距离"大于 0,系统至少创建两个切削层,一个切削层在底平面之上的"离底面的距离"高度平面处,另一个切削层在底平面上,也就是说系统生成了两层刀轨。

⑤临界深度顶面切削。

"临界深度顶面切削"用来控制是否增加切削岛屿顶面的刀轨。由于切削层深度无法位于岛屿的顶面,因此在岛屿顶面会留下过多的残留材料,故激活该选项是很有必要的。

⑥增量侧面余量。

"增量侧面余量"用来在进行多切削层粗加工时为每一个切削层设定一个递增的侧面余量。该选项用于在进行多层平面铣操作时,为每一个后续切削层增加一个侧面余量值。增加侧面余量值可以保持刀具与侧面间的安全距离,改善刀具在深层切削时的侧面受力状态。

(四)面铣参数设置

面铣在编程过程中,首先要指定几何体。这种加工类型的几何体一共有六种类型,分别为部件几何体、指定面几何体、切削区域、壁几何体、检查几何体和检查边界。选取不同的面铣削加工子类型,可用的几何体类型也不尽相同。

1.几何体类型

面铣削加工操作子类型分别为面铣和手工面铣削。在加工时,用户可以根据工艺要求来选择合理的加工子类型。当用户选择加工子类型为"面铣"时,加工几何体显示为指定部件、指定面边界、指定检查体和指定检查边界四种类型,如图 2-3-9 所示,当选择"手工面铣削"时,加工几何体显示为指定部件、指定切削区域、指定壁几何体和指定检查体四种类型,如图 2-3-10 所示。

(1)部件几何体。

"部件几何体"用于选择被加工的零件模型,也是铣削加工的最终产品。在操作对话框的"几何体"选项中,单击"选择或编辑部件几何体"图标,系统将弹出"部件几何体"对话框。

图 2-3-9　"面铣"几何体类型　　　　图 2-3-10　"手工面铣削"几何体类型

（2）切削区域。

"切削区域"用来定义工件几何体上加工的部分。在操作对话框的"几何体"选项中，单击"选择或编辑切削区域几何体"图标，系统将弹出"切削区域"对话框，如图 2-3-11 所示，该对话框中大部分参数与"部件几何体"对话框中的参数相同。

图 2-3-11　"切削区域"对话框

（3）壁几何体。

"壁几何体"用来设置工件或切削区域的壁面位置，并为它指定壁面余量，目的在于防止加工过程中刀具损伤壁面几何体。在操作对话框的"几何体"选项中，单击"选择或编辑壁几何体"图标，系统将弹出"壁几何体"对话框，如图 2-3-12 所示。该对话框中大部分参数与"部件几何体"对话框中的参数相同。

（4）检查几何体。

"检查几何体"用来定义工装夹具（例如虎钳、垫块等）的封闭边界，防止刀具碰撞到夹具。在操作对话框的"几何体"选项中，单击"选择或编辑检查几何体"图标，系统将弹出"检查几何体"对话框，如图 2-3-13 所示。该对话框中大部分参数与"部件几何体"对话框中的参数相同。

图 2-3-12　"壁几何体"对话框

图 2-3-13　"检查几何体"对话框

2. 面铣的参数设置

在"刀轨设置"选项组中需要设置三个参数，分别是"毛坯距离""每刀切削深度"和"最终底面余量",如图 2-3-14 所示,这三个参数的作用就是定义切削层,实现分层切削。加工前还要在"余量"选项卡中定义"壁余量",如图 2-3-15 所示。

(1)毛坯距离。

"毛坯距离"用来设定一层覆盖在切削区域表面的材料厚度,该距离值是沿刀轴方向从切削区域平面开始测量的,它定义了当前刀具需要切削的可能的最大材料厚度。在实际加工中,如果在切削区域表面存在毛坯材料,当需要切除这层材料时,用户可以根据实际情况来定义"毛坯距离"。

(2)每刀切削深度。

"每刀切削深度"用来设定每一个切削层的深度,在实际编写刀轨时,该参数值不应超过当前刀具可允许切削的最大切削深度。系统将使用此参数去均分由"毛坯距离"定义的切削量,以确定切削层的数量。若数值为 0,则系统只会在切削区域平面产生一个切削层刀轨。

(3)最终底面余量。

"最终底面余量"用来设定当完成加工后留在切削区域表面的残留材料厚度,它是沿刀轴方向从切削区域平面开始测量的距离。如果当前刀轨用于半精加工,用户就需要设定一个大于 0 的值,以留下合理的余量。

(4)壁余量。

在面铣削操作中,余量的设置基本与其他铣削操作相同,但是面铣削需要设置"壁余量"和"最终底面余量"两个参数,如图 2-3-15 所示。"壁余量"用于定义被加工零件侧壁的余量,"最终底面余量"用于定义被加工零件的底面余量。

图 2-3-14 刀轨参数

图 2-3-15 壁余量

二、陡峭面加工

陡峭面加工分为深度轮廓加工和深度加工拐角,两者的区别是深度轮廓加工多用于清除大面积上的陡峭区域上的余量,而深度加工拐角主要用于局部陡峭圆角的加工。

深度轮廓加工主要用于陡峭区域的半精加工和精加工,加工时刀具逐层从上往下加工,其特点是效率高。

右击"WORKPIECE",插入"工序",弹出"创建工序"对话框(图 2-3-16),接着在"类型"

选项中选择 mill_contour。在"创建工序"对话框中选择深度轮廓加工图标,弹出"深度轮廓加工"对话框,如图 2-3-17 所示。

图 2-3-16　"创建工序"对话框　　　　图 2-3-17　"深度轮廓加工"对话框

【任务实施】

1. 打开模型文件,进入加工环境

(1)打开模型文件。启动 UG 10.0,打开教材案例 2-3,如图 2-3-18 所示。

(2)进入加工模块,选择"开始"→"加工"命令。

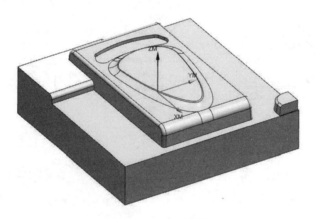

图 2-3-18　加工模型

任务实施模型

2. 设置切削参数

在已完成型腔上完成铣开粗加工、二次开粗加工。

右击"WORKPIECE",插入"底壁加工",打开"底壁加工"对话框,如图 2-3-19 所示。

图 2-3-19 "创建工序""底壁加工"对话框

打开"指定切削区域"对话框,选择分型面,如图 2-3-20 所示,将"刀具"设置为 D6。

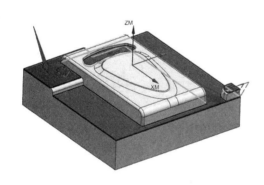

图 2-3-20 指定切削区域   图 2-3-21 刀轨设置

"刀轨设置"参数如图 2-3-21 所示,切削模式选择"跟随周边","底面毛坯厚度"设为 0.2 mm,"每刀切削深度"设为 0.1 mm。

"切削参数"设置如图 2-3-22 所示,依次设置"余量"选项卡和"策略"选项卡。

图 2-3-22 "切削参数"设置

"非切削移动"参数设置如图 2-3-23 所示,依次设置"进刀"选项卡和"转移/快速"选项卡。

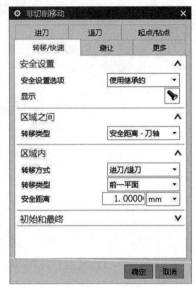

图 2-3-23 "非切削移动"参数设置

主轴转速设置为 6000 r/min,进给率设置为 1000 mm/min,完成参数设置后,生成程序,如图 2-3-24 所示。

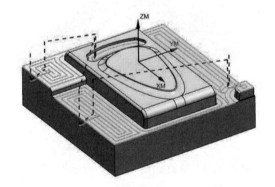

图 2-3-24 生成程序

【效果评价】

项目名称	三轴加工	学生姓名	
任务名称	非曲面特征加工方法		
序号	考核项目	分值	考核得分
1	对平面铣加工方法及参数含义的掌握	40	
2	对面铣参数设置及参数含义的掌握	30	
3	对进刀、退刀设置及参数含义的掌握	20	

序号	考核项目	分值	考核得分
4	学习汇报情况	5	
5	基本素养考核	5	
总体得分			

教师简要评语：

教师签名：

【任务思考】

1. 绘图说明面铣和平面铣中"几何体"类型及含义。

_____

_____

_____

_____

2. 平面加工方法有几种子类型？各自含义是什么？

_____

_____

_____

_____

_____

◀ **任务 2.4　孔加工方法** ▶

【情境导入】

通过完成零件各种孔的加工任务,培养学生根据工件的实际加工需要设置切削参数的能力,让学生充分掌握 CAM 编程切削参数设置的功能与命令,合理安排各种孔的加工切削参数,同时培养学生思考问题、解决实际问题的能力。

【任务要求】

掌握各种孔的加工方法,掌握 UG 软件数控编程中孔加工切削参数设置的相关命令操作。

【知识准备】

一、点位加工概述

（一）点位加工操作子类型

一般孔加工的完整工序按先后顺序分为锪孔、钻中心孔、钻孔、铰孔或镗孔、攻丝。然而,UG NX 孔位加工的一般操作过程与传统钻削加工不一样:刀具先快速进给到点位上方的最小安全距离位置,然后以切削速度进给切入工件,完成一个孔的加工。对于一次切削无法完成的深孔,UG 系统需要采用断屑式加工,即刀具先从孔中临时提刀排屑,再重新切入待加工区域,继续进行正常的切削,反复多次,直至达到要求的切削深度为止。这时,刀具才快速返回到安全平面。当 UG NX 10.0 完成了一个孔的加工后,刀具会快速移动到下一个待加工孔的位置,等待下一个孔的切削。

（二）点位加工的特点

点位加工主要适用场合如下:

(1)用 UG 的点位加工创建几何体十分简单。它不需要指定部件几何体和毛坯几何体,只需要指定要进行点位加工的点位置、加工表面和底面。

(2)当被加工工件中出现多个相同直径的孔时,可以指定不同的循环方式和循环参数组来进行加工,而不需要分别指定每个孔的参数。当孔直径相同,而加工深度和进给速度不同时,也可以通过设置循环参数组一次性完成这些孔的加工,无须分多次进行孔的加工。这样不仅节省时间,提高效率,而且由于使用同一把刀加工,提高了孔之间的相对位置精度。

基于以上特点,点位加工主要适用场合如下:

(1)点位加工一般可以用来钻孔、扩孔、铰孔、镗孔、锪孔、攻螺纹、铣螺纹、电焊和铆接等。其中孔类型可以是通孔、盲孔、中心孔和各类沉头孔等。例如,型芯和型腔的镶针孔、顶针孔、螺丝孔、运水孔等,都可使用点位加工方法完成加工。

(2)常用于需加工的孔数量多、相互位置复杂,并且难以进行人工计算的加工场合。

（三）点位加工的刀具类型

点位加工的类型不同,可选用的刀具也不同。在 UG CAM 的主界面"插入"工具栏中单击创建刀具按钮,弹出"新建刀具"对话框,在"类型"下拉列表中选择"drill"选项,如图 2-4-1 所示,在"刀具子类型"选项组中列出了可以创建的刀具。表 2-4-1 是各种刀具的简单说明。

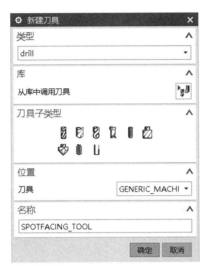

图 2-4-1　孔加工刀具

表 2-4-1　孔加工刀具说明

刀具按钮	刀具名称	功能说明
	SPOTFACING_TOOL	用于铣削键槽
	SPOTDRILLING_TOOL	用于中心孔加工
	DRILLING	用于普通孔加工
	BORING_BAR	用于镗孔加工
	REAMER	用于铰孔加工
	COUNTERBORING_TOOL	用于沉头孔加工
	COUNTERSINKING_TOOL	用于倒角沉头孔加工
	TAP	用于攻丝加工
	THREAD_MILL	用于螺纹加工

二、点位加工几何体

点位加工的几何体包括加工孔位置、工件顶面和工件底面。右击"WORKPIECE",插入工序,"类型"选择"drill",如图 2-4-2 所示,在"工序子类型"中选择"钻孔"图标,再单击"确定"按钮,弹出"钻孔"对话框,如图 2-4-3 所示。在"钻孔"对话框的"几何体"选项组中,选择"指定孔"右侧的"选择和编辑孔几何体"图标来定义孔的位置,选择"指定顶面"右侧的"选择和编辑部件表面几何体"图标来定义孔的顶面,选择"指定底面"右侧的"选择和编辑底面几何体"图标来定义孔的加工底面。

图 2-4-2　创建钻孔工序

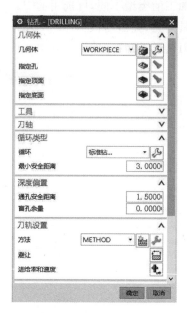

图 2-4-3　"钻孔"对话框

（一）定义加工孔的位置

在"钻孔"对话框"几何体"选项组中,单击"指定孔"右侧的"选择和编辑孔几何体"图标,系统弹出"点到点几何体"对话框,如图 2-4-4 所示。用户可以在该对话框中选择和编辑加工位置,优化刀具轨迹,下面介绍图中几个主要参数的含义。

1.选择

在图 2-4-4 中单击"选择"按钮,弹出如图 2-4-5 所示对话框。在该对话框中,用户可以通过选择一般点、圆、圆弧、表面、实心体、片体上的孔来指定孔的加工位置。该对话框中各个参数的含义见表 2-4-2。

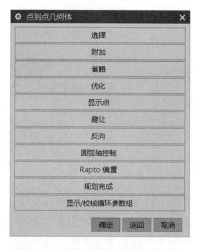

图 2-4-4　"点到点几何体"对话框

图 2-4-5　选择孔的加工位置

表 2-4-2 孔的加工位置选择说明

选项	功能说明
名称	用来指定加工位置。指定加工位置有两种方法:(1)在"名称"文本框中输入孔加工位置的名称,即输入一般点、圆、圆弧、表面、实心体或片体上的孔;(2)直接在主模型中单击选择一般点、圆、圆弧、表面、实心体或片体上的孔
Cycle 参数组-1	单击"Cycle 参数组-1",系统弹出如图 2-4-6 所示的循环参数组对话框。在循环参数组对话框中,系统可以将用户所选择的循环参数组与随后选择的点联系在一起。在循环参数组对话框中最多可以设置 5 个循环参数组,单击"参数组 1""参数组 2"等按钮,系统将返回如图 2-4-5 所示对话框,用户可以在其中设置循环参数组,即可指定一组循环参数。当用户不指定循环参数组时,系统默认"参数组 1"为指定加工位置的循环参数组。因此,如果用户希望所指定的加工位置利用"参数组 1",则可以不指定循环参数组,系统会自动建立参数组和加工位置之间的关系
一般点	用户通过该选项来指定加工位置。单击"一般点",系统将弹出相应对话框,用户可以通过定义点来指定加工位置。指定一个点后,系统默认指定点为加工孔的中心,指定点可以是实心体表面上的点,也可以是片体上的点,还可以是单独的点。当用户指定"一般点"后,所指定的点将以"*"标记在主模型上,并在"*"旁边依次生成孔号
组	用户通过该选项选择一系列点和圆弧来指定加工位置。单击"组",系统弹出组对话框,在此对话框中,用户定义由点和圆弧构成的组来指定加工位置,还可以直接在"名称"文本框中输入组名称,系统将根据该组中点和圆弧的位置自动确定加工位置
类选择	通过该选项可以选择一类几何对象,如点、圆弧等,来指定加工位置。单击"类选择",弹出类选择对话框,用户再选取一种类,指定一类几何对象即可指定加工位置
面上所有孔	通过该选项可以选择工件表面进而指定工件表面所有孔均为加工位置。单击"面上所有孔",系统将弹出面上所有孔对话框,如图 2-4-7 所示。该对话框中参数含义如下: 名称:用于指定工件表面。 最小直径-无:指定限制在面上的孔的最小直径。如果用户希望当该工件表面上的孔径大于某一直径时孔才会被选择,则可以单击"最小直径-无"按钮。 最大直径-无:指定限制在面上的孔的最大直径。如果用户希望当该工件表面上的孔径小于某一直径时孔才会被选择,则可以单击"最大直径-无"按钮
预钻点	通过该选项可以指定平面铣或型腔铣中的预钻点作为加工位置。如果主模型没有指定预钻点,则系统会弹出错误提示对话框
最小直径-无	与"面上所有孔"中讲到的内容一样
最大直径-无	与"面上所有孔"中讲到的内容一样

选项	功能说明
选择结束	通过该选项可以指定结束的加工位置,单击"选择结束",将返回"点到点几何体"对话框
可选的-全部	通过该选项可以指定所选取的几何对象的类型。当选择"组"或"类选择"方式来指定加工位置时,该选项可控制所选几何对象的类型。可选的几何对象类型包括点、圆弧和孔等。图2-4-8所示各参数解释如下: Points Only(仅点):系统仅允许用户选择点。 仅圆弧:系统仅允许用户选择圆弧。 仅孔:系统仅允许用户选择孔。 点和圆弧:系统允许用户选择点和圆弧。 全部:系统允许用户选择所有几何对象

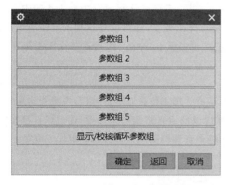

图 2-4-6　循环参数组对话框

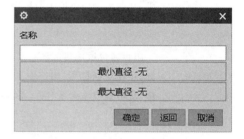

图 2-4-7　面上所有孔对话框

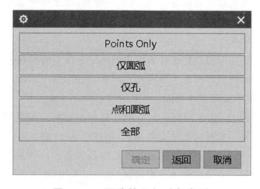

图 2-4-8　可选的几何对象类型

2. 附加

在"点到点几何体"对话框中单击"附加"按钮,用于指定孔加工位置。用户可以选择新的加工位置,这些新选择的加工位置,将被添加到上一次选择的加工位置中。如果没有指定任何加工位置,单击"附加"按钮,系统会弹出错误提示对话框。

3．省略

在"点到点几何体"对话框中单击"省略"按钮，系统会弹出无参数对话框，用于让用户在主模型中选择需要省略的加工位置。

4．优化

在"点到点几何体"对话框中，用户必须首先选择预加工点位，选择完成后，单击"优化"按钮，在优化对话框中通过"最短刀轨"、"Horizontal Bands"（水平路径）、"Vertical Bands"（垂直路径）来优化刀路轨迹，也可通过"Repaint Points"（重新绘制加工位置）来显示优化后的加工位置。

（1）最短刀轨：通过"选择和编辑最短路径"可以缩短无用的走刀路径，优化刀轨，从而节省加工时间，提高效率，却要占用计算机大量的运算时间。

（2）Horizontal Bands（水平路径）：在优化对话框中单击"Horizontal Bands"，用户可以指定优化路径的顺序为"升序"或"降序"。

（3）Vertical Bands（垂直路径）：用于指定垂直带状区域来优化点位的加工位置。其优化方法和水平路径优化相似。区别在于该选项所定义的直线与 XC 轴垂直，而水平路径优化时定义的直线与 XC 轴是平行的。

（4）Repaint Points（重新绘制加工位置）：用于指定系统是否重新绘制加工位置，即是否将优化后的加工位置显示在主模型上。

5．显示点

"显示点"用于将选择的点位置显示在主模型上。

6．避让

单击"避让"按钮，可以在主模型中选择两点作为起点和终点。

（二）定义工件表面

在"钻孔"对话框"几何体"选项组中，选择"指定顶面"右侧的"选择和编辑部件表面几何体"图标，系统会弹出如图 2-4-9 所示的"顶面"对话框。

在如图 2-4-9 所示的"顶面选项"中，用户可以通过系统提供的四个选项来选择零件表面，分别是面、刨、ZC 常数、无。

（1）面：单击选择需要的平面作为孔加工的表面。

（2）刨：选择"刨"时，系统将自动弹出"平面构造器"对话框，用户可以在其中定义平面作为孔加工的表面。

（3）ZC 常数：用户通过输入 ZC 坐标值，定义孔加工表面位置。

（4）无：取消已经定义的工件表面。

（三）定义工件底面

在"钻孔"对话框"几何体"选项组中，选择"指定底面"右侧的"选择和编辑底面几何体"图标，系统将弹出如图 2-4-10 所示的"底面"对话框。"底面"对话框中的参数与"顶面"对话框中参数相同，在此不做赘述。

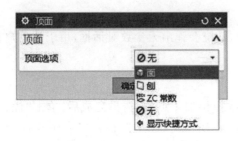
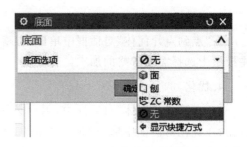

图 2-4-9　"顶面"对话框　　　　　　　　　　图 2-4-10　"底面"对话框

三、点位加工循环类型

在"钻孔"对话框中打开"循环"右侧的下拉列表,如图 2-4-11 所示。UG NX 10.0 提供了 14 种循环类型,分别为"无循环""啄钻""断屑""标准文本""标准钻""标准钻,埋头孔""标准钻,深孔""标准钻,断屑""标准攻丝""标准镗""标准镗,快退""标准镗,横向偏置后快退""标准背镗"和"标准镗,手工退刀"。用户可以根据不同类型的孔选择不同的循环,并设置相应的循环参数组,以满足实际加工的要求。

图 2-4-11　循环类型

(一)无循环类型

"无循环"属于无循环类型,它生成刀轨时不使用循环语句。"无循环"取消任何被激活的循环,即不产生 Cycle 命令,它不需要设置循环参数组,只要选择待加工孔的点位,再指定工件表面和底面,系统就直接生成刀轨。此种钻操作简单方便,适用于加工孔比较少或者孔的加工要求相同的场合。"无循环"的运动过程如下:以进给速度移动刀具到第一个点位上方的安全点,沿着刀轴方向以切削进给速度切削到工件底面,再以退刀速度退回到该点位的安全点上,以快进速度移动刀具到下一个点位的安全点上,若没有选择底面时,刀具以切削进给速度移动到下一个点位的安全点上。

(二)GOTO 循环类型

GOTO 循环类型就是在生成刀路时,使用 GOTO 命令来完成点位加工的,它包含"啄钻"和"断屑"两种方式。

1. 啄钻

"啄钻"不会产生循环命令,而是通过 GOTO 命令来实现点位加工。"啄钻"方式下,刀具首先钻削到一个中间深度,然后退刀至安全点,即方便排屑,又方便冷却液进入加工的孔内,再次进刀,钻削到下一个中间深度后,退刀。如此反复,完成一个孔的钻削后,再将刀具移动到下一个空的安全点处,准备下一个孔的加工。由此可知,"啄钻"方式适于加工深孔。

选择"啄钻"选项后,系统弹出如图 2-4-12 所示对话框,用户可以在"距离"文本框中输入数值,这个"距离"值定义了刀具与上一次已钻孔深度的间隙。单击"确定"按钮,系统弹出如图 2-4-13 所示"指定参数组"对话框,用户设置完成后单击"确定"按钮,退出"指定参数组"对话框。

图 2-4-12　距离对话框

图 2-4-13　"指定参数组"对话框

2. 断屑

"断屑"也不会产生循环命令,而是通过 GOTO 命令来实现点位加工。"断屑"方式的刀具运动过程与"啄钻"有所不同,它在每一个钻削深度增量之后,刀具并不退回到孔外的安全点上,而是退回到当前切削深度之上的一个由步进安全距离指定的点位(这样可以将切削拉断)。刀具运动过程如下:首先,刀具以快进速度移动到安全点上,然后沿刀轴方向以循环切削进给速率钻削到第一个中间切削深度,再以退刀进给速率退回到当前切削深度之上的由步进安全距离确定的点位上,刀具继续以循环切削进给速率钻削到下一个中间增量深度,如此反复,直到钻削到指定的孔深,之后,以退刀进给速率从孔深位置退回到安全点。这种方式适于给韧性材料钻孔。

选择"断屑"选项后,系统同样会弹出如图 2-4-12 和图 2-4-13 所示的对话框,它们的操作与"啄钻"一样,这里就不再赘述。

(三)CYCLE 循环类型

所有的 CYCLE 循环类型都会产生一个标准循环。

1. 标准文本

"标准文本"用于指定系统在每个加工位置上产生一个根据 APT 命令所定义的循环。用户选择"标准文本"方式后,系统弹出如图 2-4-14 所示对话框,用户输入循环文本(输入的文本必须是 APT 自动编程语言的关键字或符合其规则的数字,中间需要用逗号隔开)后,单击"确定"按钮,将弹出"指定参数组"对话框,在此对话框中,指定循环参数组的数目,如图 2-4-13 所示,然后单击"确定"按钮。系统弹出"Cycle 参数"对话框,可以在该对话框中设置各项循环参数,如图 2-4-15 所示,单击"确定"按钮,直至返回"钻"对话框。"标准文本"方式设置完成。

2. 标准钻

"标准钻"用于指定系统在每个加工位置上产生一个标准钻循环,其加工特点是刀具以切削速度切入材料,直至到达指定的孔深后才抬刀。这种循环方式适用于深孔加工,或者在韧性材料上加工有一定深度的孔。

图 2-4-14　输入循环文本对话框　　　　　　　图 2-4-15　"Cycle 参数"对话框

"标准钻"的刀具运动过程如下：首先，刀具以快进速度移动到点位上方的安全点上，以循环进给速度钻削到要求的孔深，其次以退刀进给速度退回到安全点，最后以快进速度移动到下一个加工点位上的安全点，开始下一个点位的循环。

选择"标准钻"方式后，系统同样会弹出如图 2-4-14 和图 2-4-15 所示的对话框，它们的操作与"标准文本"一样，这里就不再赘述。

3. 标准钻，埋头孔

"标准钻，埋头孔"用于指定系统在每个加工位置上产生一个标准沉头孔钻循环，将产生与"标准钻"循环类型相似的刀轨，但是不同的是，此模式下系统根据沉头孔直径和刀尖角度来计算钻孔深度。

选择"标准钻，埋头孔"方式后，操作同"标准文本"。

4. 标准钻，深孔

"标准钻，深孔"用于指定系统在每个加工位置上产生一个标准深孔钻循环。该方式与"啄钻"循环类型的刀轨相似，啄钻和标准深度钻的不同之处是，啄钻不依赖于机床控制器的固定循环子程序，而标准深度钻依赖于机床的控制器，产生的刀具运动可能有很小的不同。

当用户使用"标准钻，深孔"循环类型进行点位加工时，在输出的刀具轨迹列表框中可以观察到此循环命令是以"CYCLE/DRILL,DEEP"开头，以"CYCLE/OFF"结尾的。

选择"标准钻，深孔"方式后，操作同"啄钻"。

5. 标准钻，断屑

"标准钻，断屑"用于指定系统在每个加工位置上产生一个标准断屑钻循环。该方式与"断屑"循环类型的刀轨相似，断屑钻不依赖于机床控制器的固定循环子程序，而标准断屑钻依赖于机床控制器，产生的刀具运动可能有很小的不同。

当用户使用"标准钻，断屑"循环类型进行点位加工时，在输出的刀具轨迹列表框中可以观察到此循环命令是以"CYCLE/DRILL,BRKCHP"开头，以"CYCLE/OFF"结尾的。

选择"标准钻，断屑"方式后，操作同"断屑"。

6. 标准攻丝

"标准攻丝"用于指定系统在每个加工位置上产生一个标准攻丝循环。当用户使用"标准攻丝"循环类型进行点位加工时，在输出的刀具轨迹列表框中可以观察到此循环命令是以"CYCLE/TAP"开头，以"CYCLE/OFF"结尾的。

"标准攻丝"的刀具运动过程如下:刀具以切削进给速率进给到最终的切削深度,主轴反转并以切削进给速率退回到操作安全点,刀具以快进速度移动到下一个加工点位上的安全点,开始下一个点位的循环。

选择"标准攻丝"方式后,操作同"标准钻"。

7. 标准镗

"标准镗"用于指定系统在每个加工位置上产生一个标准镗循环。当用户使用"标准镗"循环类型进行点位加工时,在输出的刀具轨迹列表框中可以观察到此循环命令是以"CYCLE/BORE,RAPTO"开头,以"CYCLE/OFF"结尾的。"标准镗"的刀具运动过程如下:刀具以切削进给速率进给到孔的最终切削深度之后以切削进给速率退回到孔外,刀具以快进速度移动到下一个加工点位上的安全点,开始下一个点位的循环。

选择"标准镗"方式后,操作同"标准钻"。

8. 标准镗,快退

"标准镗,快退"用于指定系统在每个加工位置上产生一个标准快退镗循环。当用户使用"标准镗,快退"循环类型进行点位加工时,在输出的刀具轨迹列表框中可以观察到此循环命令是以"CYCLE/BORE,DRAG"开头,以"CYCLE/OFF"结尾的。

选择"标准镗,快退"方式后,操作同"标准钻"。

9. 标准镗,横向偏置后快退

"标准镗,横向偏置后快退"用于指定系统在每个加工位置上产生一个"标准镗,横向偏置后快退"循环。用户选择"标准镗,横向偏置后快退"循环类型,系统将弹出如图 2-4-16 所示"Cycle/Bore,Nodrag"对话框。若单击"指定"按钮,则可以指定方位角,方位角是指主轴停止时的方位角。若单击"无"按钮,则表示不指定方位角。其后的操作同"标准钻"。

图 2-4-16 "Cycle/Bore,Nodrag"对话框

"标准镗,横向偏置后快退"与"标准镗"的区别是:选择"标准镗,横向偏置后快退",刀具退刀前,主轴先停止在指定的方位上,等刀具横向偏置一段距离后再退刀,这样可以有效地防止刀具划伤工件表面。这种循环方式多应用于精加工镗孔。

10. 标准背镗

"标准背镗"用于指定系统在每个加工位置上产生一个"标准背镗"循环。"标准背镗"循环的操作与"标准镗,横向偏置后快退"一样。"标准背镗"与"标准镗"的区别是:选择"标准背镗",刀具退刀后,主轴先停止在指定的方位上,等刀具横向偏置一段距离后再进刀钻削孔。使用"标准背镗"进行点位加工时,在输出的刀具轨迹列表框中可以观察到此循环命令是以"CYCLE/BORE,BACK,25.0000"开头,以"CYCLE/OFF"结尾的,其中"25.0000"表示用户输入的方位角。

11. 标准镗,手工退刀

"标准镗,手工退刀"用于指定系统在每个加工位置上产生一个"标准镗,手工退刀"循环。"标准镗,手工退刀"与"标准镗"操作步骤几乎相同,唯一不同的是"标准镗,手工退刀"的退刀是由操作人员手动控制的。使用"标准镗,手工退刀"进行点位加工后,在输出的刀具轨迹列表框中可以观察到此循环命令是以"CYCLE/BORE,MAND"开头,以"CYCLE/OFF"结尾的。

四、循环参数组的设置

在 UG NX 10.0 的点位加工操作中,除了选择"无循环"方式外,选择其他任何一种循环方式,系统都会弹出如图 2-4-13 所示的"指定参数组"对话框,用于设置循环参数组的个数。单击"确定"按钮后,系统弹出"Cycle 参数"对话框。指定不同的循环方式,系统将弹出不同的循环参数设置对话框,例如"啄钻"循环方式,在设置好"距离"和"指定参数组"后,系统弹出"Cycle 参数"对话框,如图 2-4-17 所示,在弹出的对话框中可以设置"Depth"(模型深度)、"进给率"、"Dwell"(暂停时间)、"Increment"(深度增量)四个循环参数。如果用户选择"标准钻,断屑"循环方式,在设置好"距离"和"指定参数组"后,系统弹出"Cycle 参数"对话框,如图 2-4-15 所示,可以设置"Depth"(模型深度)、"进给率"、"Dwell"(暂停时间)、"Option"(选项)、"CAM"(计算机辅助加工)、"Rtrcto"(退刀距离)和"Step"(步长值)七个循环参数。

图 2-4-17　循环参数组 2

1. Depth(模型深度)

在如图 2-4-17 所示的"Cycle 参数"对话框中单击"Depth",系统弹出如图 2-4-18 所示的"Cycle 深度"对话框。对话框中各个参数功能见表 2-4-3。

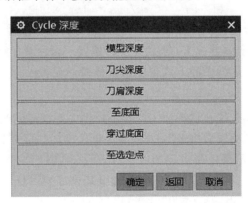

图 2-4-18　"Cycle 深度"对话框

表 2-4-3　"Cycle 深度"参数含义

选项	功能说明
模型深度	如果在"Cycle 深度"对话框中单击"模型深度"按钮,系统将自动计算实体中每个孔的深度。选择"模型深度"将激活"允许大号刀具"选项,该选项允许用户为主模型的孔指定一个大号刀具。它可以帮助用户完成某些特殊操作,如攻丝等。对于非实体孔,即点、圆弧或片体上的孔等,"模型深度"将被默认为零,如图 2-4-19 所示
刀尖深度	系统将以主模型上的孔的表面沿刀轴到刀尖的距离作为钻削深度,如图 2-4-19 所示
刀肩深度	系统将以主模型上的孔的表面沿刀轴到刀肩的距离作为钻削深度,如图 2-4-19 所示
至底面	系统将以沿刀轴计算的刀尖接触到底面所需的深度为钻削深度,如图 2-4-19 所示
穿过底面	系统将沿刀轴计算出刀肩接触到底面所需的深度,并将其作为钻削深度,如果需要让刀肩越过底面,可以在定义"底面"时指定一个"安全距离",如图 2-4-19 所示
至选定点	系统将沿刀轴计算出从主模型的孔表面到钻孔点的 ZC 坐标的值,并把它作为钻削深度,如图 2-4-19 所示

2. 进给率

在如图 2-4-15 所示的"Cycle 参数"对话框中单击"进给率"按钮,系统弹出如图 2-4-20 所示的"Cycle 进给率"对话框。在"MMPM"(毫米每分钟)文本框中输入数值(默认值为 250),即可指定点位加工的进给速度。选择"切换单位至 MMPR"则可以将单位切换成毫米每转,如果在建立主模型时以英寸为基本单位,则进给率的单位会在"英寸每转"和"英寸每分钟"之间切换。

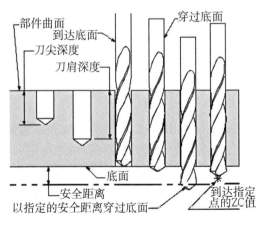

图 2-4-19　切削深度

图 2-4-20　"Cycle 进给率"对话框

3. Dwell(暂停时间)

在如图 2-4-15 所示的"Cycle 参数"对话框中单击"Dwell"按钮,系统弹出"Cycle Dwell"对话框,其中各个参数含义见表 2-4-4。

表 2-4-4　"Cycle Dwell"对话框中各个参数及其功能说明

选项	功能说明
关	使刀具到达指定的钻削深度后不发生停留和延迟
开	使刀具到达指定的钻削深度后原地停留并延迟指定时间
秒	用户输入刀具在点位加工时停留时间数值,停留时间以秒为单位
转	用户输入刀具在点位加工时停留时间数值,停留时间以主轴转数为单位

4. Option（选项）

系统默认 Option 选项为"开"。如果系统正处于"Option-开"状态,则系统将在 CYCLE 语句中包含关键词"Option","Option"的功能取决于后处理器。

5. CAM（计算机辅助加工）

在如图 2-4-15 所示的"Cycle 参数"对话框中单击"CAM"按钮,系统弹出如图 2-4-21 所示的指定 CAM 值对话框,用于没有可编程 Z 轴的数控机床。指定 CAM 值后,系统将驱动刀具到 CAM 的停止位置,以便控制刀具深度。在"CAM"文本框中输入数值即可帮助系统指定 CAM 值。

图 2-4-21　指定 CAM 值对话框

6. Rtrcto（退刀距离）

在如图 2-4-15 所示的"Cycle 参数"对话框中单击"Rtrcto"按钮,系统弹出如图 2-4-22 所示的指定距离对话框,用来指定刀具的退刀距离。它有三种选项:"距离"用于设置退刀距离;"自动"表示系统将自动指定一个安全距离作为退刀距离;"设置为空"表示系统不指定退刀距离。

7. Increment（深度增量）

这是"啄钻"和"断屑"两种循环方式的特殊选项。在如图 2-4-15 所示的"Cycle 参数"对话框中单击"Increment"按钮,系统弹出如图 2-4-23 所示的"增量"对话框,用来指定两次中间深度之间的增量距离。它有三种选项:"空"表示不指定深度增量,系统将刀具一次送到指定的钻削深度,不设置任何中间点。"恒定"表示在点位加工中,系统会以不变的"深度增量"一直加工到指定的钻削深度。"可变的"可以为不同的深度增量设置不同的重复次数,在其下一步对话框中的"增量"文本框中输入数值,指定一个深度增量,在"重复"文本框中输入数值设置深度增量的重复次数。

图 2-4-22 指定距离对话框

图 2-4-23 增量对话框

8. Step 值(步长值)

"标准钻,深孔"和"标准钻,断屑"两种循环方式有"Step 值"。"Step 值"是指在点位钻孔操作中每个钻入增量的距离,包括深度逐渐增加的钻孔操作,其刀具运动方式如图 2-4-24 所示。"Step 值"的数量和钻孔信息取决于机床和后处理器,对应于"啄钻"和"断屑"循环方式的"深度增量"。在"Cycle 参数"对话框中单击"Step 值"按钮,系统弹出如图 2-4-25 所示的步长设置对话框。在该对话框中,用户可以在"Step♯1""Step♯2"等文本框中根据实际需要指定步长值。系统将在 CYCLE 语句中包含"STEP,S1,S2,…,Sn"参数字符串。其中"S1,S2,…,Sn"分别是第 1 个到第 n 个非零的步长值。系统会在遇到第 1 个零步长值时终止字符串,如果第 1 个步长值为零,系统则不会在 CYCLE 语句中包含 STEP 字符串。

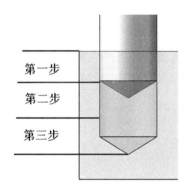

图 2-4-24 刀具运动

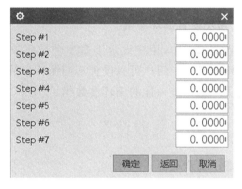

图 2-4-25 步长设置对话框

9. 入口直径

当用户选择"标准钻,埋头孔"循环方式,在"Cycle 参数"对话框中出现"入口直径"按钮(图 2-4-26),单击,系统会弹出如图 2-4-27 所示的对话框。"入口直径"表示加工沉头孔前现有孔的直径,该参数可以让后处理器计算出一个快速定位点。该点通常应该在孔内,且位于待加工孔的表面以下。

10. Csink 直径(沉头孔直径)

当用户选择"标准钻,埋头孔"循环方式,在如图 2-4-26 所示对话框中单击"Csink 直径"按钮,系统会弹出如图 2-4-28 所示对话框。"Csink 直径"表示沉头孔的直径。沉头孔直径的工作方式如图 2-4-29 所示。

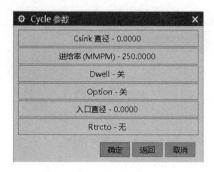

图 2-4-26　Cycle 参数组

图 2-4-27　入口直径对话框

图 2-4-28　沉头孔直径对话框

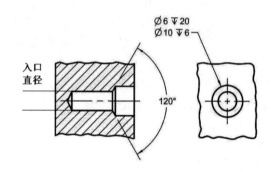

图 2-4-29　沉头孔直径工作方式

11. 多次设置循环参数

在点位加工中，用户设定了多少个循环参数组，系统就会弹出多少次"Cycle 参数"对话框要求用户定义。用户可以设置不同循环参数组，也可以通过单击"复制上一组参数"，设置一个与上一组完全一样的循环参数组。

五、一般参数的设置

1. 最小安全距离

"最小安全距离"是指系统指定刀具沿刀轴方向从工件表面向上偏置的最小距离。让刀具从工件表面向上偏置一段距离，可以有效地防止在点位加工中刀具和工件表面发生碰撞。用户通过"钻"对话框的"循环类型"扩展选项展开"最小安全距离"参数，如图 2-4-30 所示。

图 2-4-30　"最小安全距离"参数

2. 深度偏置

用户通过"钻孔"对话框的"深度偏置"扩展选项，设置"通孔安全距离"和"盲孔余量"参数，如图 2-4-31 所示。"通孔安全距离"主要用于在加工通孔时保证打通被加工的孔，即指定刀具穿过通孔底面的距离。"盲孔余量"指定的是加工盲孔时刀具到孔底面的距离，保证在

加工盲孔时,不会产生过切,一般应用于钻孔的精加工。

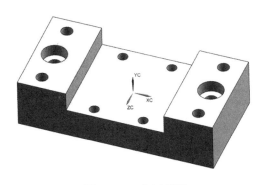

图 2-4-31 "深度偏置"扩展选项

【任务实施】

1.打开模型文件,进入加工环境

(1)打开模型文件。启动 UG10.0,打开教材案例 2-4,如图 2-4-32 所示。

(2)进入加工模块,选择"开始"→"加工"命令。

图 2-4-32 加工模型

任务实施模型

2.创建钻孔工序

右击 WORKPIECE,插入工序,"类型"选择"drill","工序子类型"选择第三个图标(钻孔),如图 2-4-33 所示,单击"确定",弹出"钻孔"对话框,如图 2-4-34 所示。

图 2-4-33 创建工序　　　　　图 2-4-34 创建钻孔对话框

3. 指定孔位置

选择"指定孔"右侧按钮,打开如图 2-4-35 所示"点到点几何体"对话框,单击"选择",打开如图 2-4-36 所示对话框,单击"一般点",弹出如图 2-4-37 所示对话框,在"类型"中选择"自动判断的点",依次选择图中各孔位置,单击"确定",各孔位标记了 1、2、3、4,如图 2-4-38 所示。

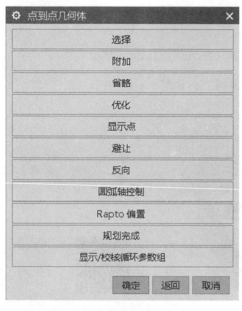

图 2-4-35 "点到点几何体"对话框

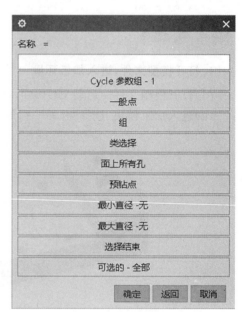

图 2-4-36 点位置选择对话框

图 2-4-37 "点"对话框

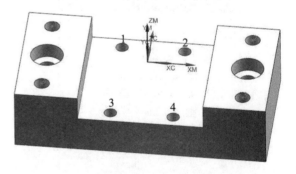

图 2-4-38 孔位置示意图

4. 指定顶面

在"钻孔"对话框中选择"指定顶面",打开"顶面"对话框,选择模型上表面,如图 2-4-39 所示。

5. 设置钻孔刀具

在"工具"选项中新建刀具,如图 2-4-40 所示,"类型"选择"drill","刀具子类型"选择第二个图标(中心钻),单击"确定",设置中心钻尺寸。

在"循环类型"中设置"循环"为"标准钻",单击右侧编辑参数按钮🔧,弹出"指定参数组"对话框,如图 2-4-41 所示,单击"确定",弹出如图 2-4-42 所示"Cycle 参数"对话框,单击"Depth",调出 Cycle 深度对话框,设置刀尖深度为 2 mm。

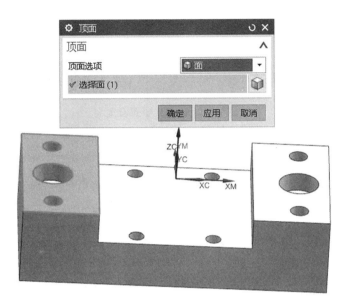

图 2-4-39　指定顶面

图 2-4-40　新建钻孔刀具

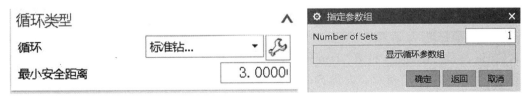

图 2-4-41　指定参数组

图 2-4-42 Cycle 参数设置

设置"最小安全距离"即 R 值为 3 mm,设置主轴转速、进给率。

6.生成程序

生成定心钻刀路,如图 2-4-43 所示。利用 UG 自带后处理,生成程序,如图 2-4-44 所示。

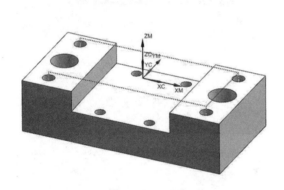

图 2-4-43　刀路

```
%
(顶部盲孔定心钻)
G00 G90 G17 G40 G80 G49
(DZ6 D6.00 R0.00)
S450 M03
G00 G17 G54 G90 X0.0 Y0.0
G00 G90 X-40. Y17.5
G43 Z3. H01
M08
G98 G81 Z-2. R3. F250
X40.
Y-17.5
X-40.
G80
G91 G28 Z0.0
M05
M09
G49
M30
%
```

图 2-4-44　G 代码程序

7.设置"顶部盲孔定心钻"工序

将"顶部盲孔定心钻"工序复制后粘贴,重命名为"顶部孔加工",如图 2-4-45 所示。右击编辑"顶部孔加工",在"循环类型"中选择"标准钻,深孔",单击右侧编辑参数按钮 ,弹出"指定参数组"对话框,按照图 2-4-41 所示设置参数,单击"确定",弹出如图 2-4-46 所示"Cycle 参数"对话框,设置"Depth(Tip)"中的刀肩深度为 15 mm。设置退刀参数为 2 mm,如图 2-4-47 所示。设置 Step 值中"Step♯1"为 2 mm,此参数为钻刀的每次背吃刀量,如图 2-4-48 所示。

图 2-4-45 设置工序名称

图 2-4-46 Cycle 参数

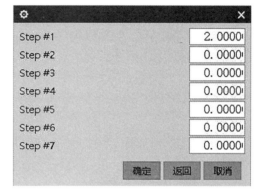

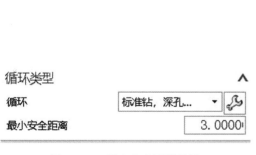

图 2-4-47 退刀量设置

图 2-4-48 背吃刀量设置

"循环类型"中"最小安全距离"设置为 3 mm,如图 2-4-49 所示。生成刀路,利用 UG 自带后处理,生成程序,如图 2-4-50 所示。

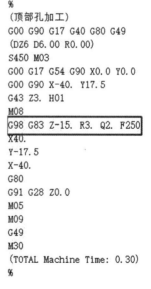

```
%
(顶部孔加工)
G00 G90 G17 G40 G80 G49
(DZ6 D6.00 R0.00)
S450 M03
G00 G17 G54 G90 X0.0 Y0.0
G00 G90 X-40. Y17.5
G43 Z3. H01
M08
G98 G83 Z-15. R3. Q2. F250
X40.
Y-17.5
X-40.
G80
G91 G28 Z0.0
M05
M09
G49
M30
(TOTAL Machine Time: 0.30)
%
```

循环类型

循环 标准钻,深孔...

最小安全距离 3.0000

图 2-4-49 最小安全距离设置

图 2-4-50 G 代码程序

【效果评价】

项目名称	三轴加工	学生姓名	
任务名称	孔加工方法		
序号	考核项目	分值	考核得分
1	熟悉孔加工方法及参数含义	40	
2	熟悉循环参数设置及参数含义	10	
3	熟悉进刀、退刀设置及参数含义	40	
4	学习汇报情况	5	
5	基本素养考核	5	
总体得分			

教师简要评语：

教师签名：

【任务思考】

1. 描述 CYCLE 循环类型中常用浅孔、深孔、攻丝的循环类型及其对应的孔加工循环 G 代码指令。

_____

_____

_____

_____

2. "Cycle 参数"对话框中"Depth"参数描述孔的深度类型有哪几种？

_____

_____

_____

_____

任务 2.5　曲面特征加工方法

【情境导入】

通过完成一个零件曲面加工任务,培养学生根据工件加工的实际需要设置切削参数的能力,让学生充分掌握 CAM 编程切削参数设置的功能与命令,合理安排曲面加工切削参数,同时培养学生思考问题、解决实际问题的能力。

【任务要求】

掌握曲面加工方法,掌握 UG 软件数控编程中切削参数设置的相关命令操作。

【知识准备】

在 UG NX 中针对曲面特征的加工通常使用固定轴轮廓铣及其子类型来进行编程,本任务主要介绍固定轴轮廓铣及其子类型的参数含义及设置方法。

一、固定轴轮廓铣加工概述

在 UG NX 软件中,固定轴轮廓铣简称为固定轮廓铣,该操作主要用于零件曲面加工。

固定轴轮廓铣的操作原理是:首先通过驱动几何体产生驱动点,然后将驱动点投影到工件几何体上,再通过工件几何体上的投影点计算得到刀位轨迹点,最后通过所有刀位轨迹点和设定的非切削运动计算出所需的刀位轨迹。在固定轴轮廓铣中,刀轴与指定的方向始终保持平行,也就是说刀轴固定。下面将介绍固定轴轮廓铣的各种操作子类型、加工特点及加工操作界面。

图 2-5-1　"创建工序"对话框

(一)操作子类型

UG NX 10.0 根据固定轴轮廓加工的用途不同提供了用于固定轴轮廓加工的 12 种操作子类型,如图 2-5-1 所示,各种子类型的功能说明见表 2-5-1。用户根据编程需要选择相应的图标即可使用相应的加工方式来创建固定轴曲面轮廓铣操作。一般来说,从这些加工方法中选择一种或几种,就能满足普通的固定轴曲面轮廓铣的加工要求。

表 2-5-1　子类型功能说明

子类型	图标	功能说明
固定轴轮廓铣		最基本的固定轴轮廓铣削操作方式,其他固定轴轮廓铣削操作方式均可以看作该操作方式的演变,这种方式提供了各种驱动方法和切削参数,可用于工件整体或区域的加工
区域轮廓铣		默认驱动方法为"区域铣削",适用于仅加工某些指定的面
曲面轮廓铣		默认驱动方法为"曲面区域驱动",适用于仅加工某些有规律排列的面
流线驱动铣		默认驱动方法为"流线",适用于由曲线、边缘定义刀具移动方向的加工场合
非陡峭区域轮廓铣		默认驱动方法为"区域铣削",适用于加工小于指定陡峭度的非陡峭区域面
陡峭区域轮廓铣		默认驱动方法为"区域铣削",适用于加工大于指定陡峭度的陡峭区域面
单刀路清根铣		默认驱动方法为"清根",适用于使用单个刀路进行清根的场合
多刀路清根铣		默认驱动方法为"清根",适用于使用多条偏置刀路进行清根的场合
清根参考刀具		默认驱动方法为"清根",适用于使用多条刀路对以前刀具切削后的残留材料进行清根的场合
实体轮廓 3D		默认驱动方法为"清根",适用于对实体侧壁进行清根的场合
轮廓 3D		默认驱动方法为"边界",适用于由指定曲线或边缘偏置一定距离确定加工深度的场合
轮廓文本		默认驱动方法为"文本",适用于在曲面上应用投影方法进行制图文本的雕刻

(二)加工特点及适用范围

1. 固定轴轮廓铣的特点

固定轴轮廓铣是从驱动几何体上产生驱动点的,再将驱动点投影到工件几何体上,系统依据投影点计算出加工刀轨。其驱动点的生成方式是由驱动方法定义的,不同的驱动方法可以设定不同的驱动几何体投射矢量和切削方法。固定轴轮廓铣通过某种驱动方法在工件几何体上产生三轴刀位轨迹。基于上述工作原理,固定轴轮廓铣有如下的特点:

(1)刀具沿复杂的曲面进行三轴联动,常用于半精加工和精加工,也可用于粗加工。

(2)可设置灵活多样的驱动方法和驱动几何体,从而得到简捷而精准的刀位轨迹。

(3)提供了智能化的清根操作。

(4)非切削运动设置中提供了多种方式,应用起来非常灵活。

2. 固定轴轮廓铣的适用范围

在固定轴轮廓铣加工方式下,刀具始终接触工件的表面,因此,固定轴轮廓铣广泛适用于各类半精加工或精加工。它允许通过最佳的切削路径和切削方法来精确控制刀轴和投影矢量,使刀轨沿着复杂的曲面轮廓移动,适用于曲面轮廓铣工件类型。图 2-5-2 所示为复杂曲面零件,图 2-5-3 所示为模具型芯零件。

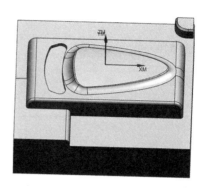

图 2-5-2 复杂曲面零件   图 2-5-3 模具型芯零件

3. 固定轴轮廓铣的常用术语

(1)驱动点:沿着投影方向投影到部件几何体表面上生成的投影点。不同的驱动方法所创建的驱动点也不相同。例如:"曲面"驱动方法用于在曲面上创建驱动点的阵列;"区域"驱动方法用于在切削区域创建驱动点的阵列。

(2)驱动方法:通过驱动点产生的切削方法。驱动点一旦定义,就可用于创建刀轨。驱动方法应该由待加工工件表面的形状以及刀轴和投影矢量的要求决定。所选择的驱动方法决定驱动几何体的类型,以及可用的投影矢量、刀轴和切削类型。

(3)驱动几何体:用来产生驱动点的几何体。

(4)投影矢量:用于确定驱动点投影到部件表面的方式以及刀具接触部件表面的方向。可用的"投影矢量"选项会根据使用的驱动方法变化而变化。驱动点沿投影矢量投影到部件表面上。若未定义部件几何体,直接在驱动几何体上加工时,不使用投影矢量。投影矢量的方向决定刀具要接触的部件表面侧,刀具总是从投影矢量逼近的一侧定位到部件表面上。选择投影矢量时应小心,避免出现投影矢量平行于刀轴矢量或垂直于部件表面法向的情况,这些情况可能引起刀轨的竖直波动。

(三)几何体

被激活的固定轴轮廓铣的几何体类型,会由于用户所选用的加工操作子类型不同而不同。几何体类型主要包括指定部件、指定切削区域、指定检查体、指定修剪边界等。所有几何体都可以通过选择片体、实体、小平面体、表面区域或表面等来定义。固定轴轮廓铣加工的常用几何体图标及其功能说明见表 2-5-2。

表 2-5-2 几何体功能说明

几何体	图标	功能说明
新建几何体		用于创建新的几何体组,放在操作导航器的几何体视图中供其他操作使用

续表

几何体	图标	功能说明
编辑几何体		用于在操作所继承的源几何体组中添加或移除几何体
显示		用于高亮显示要验证的选中几何体。不可用的按钮表示尚未指定几何体
指定部件		用于指定需要加工的零件的轮廓表面,用来生成刀轨及进行刀轨验证
指定检查体		用于指定刀具不能进行切削的区域,如夹具等。当刀轨遇到检查体曲面时,刀具将退出,直至到达下一个安全的切削位置
指定切削区域		用于指定刀具进行切削加工的区域
指定修剪边界		用于定义切削区域中被排除的区域

二、驱动方法

驱动方法用于创建刀轨所需要的驱动点,UG NX 10.0 提供的驱动方法总共有 11 种,分别是"曲线/点""螺旋式""边界""区域铣削""曲面""流线""刀轨""径向切削""清根""文本"和"用户定义",如图 2-5-4 所示。用户在使用过程中应该根据加工表面的形状以及刀轴与投影矢量的要求来确定适当的驱动方法,一旦选择了驱动方法,也就决定了可选择的驱动几何体类型、可用的投影矢量、刀轴与切削方法。

图 2-5-4　驱动方法

(一)曲线/点

1.定义

"曲线/点"通过指定点和选择曲线来定义驱动几何体。指定点后,"驱动轨迹"就是指定点之间的线段。指定曲线后,驱动点沿着所选择的曲线生成。在这两种情况下,驱动几何体都投影到部件几何表面上,然后在此部件表面上创建刀轨。"曲线/点"方式雕刻图案和文字比较方便,常用来在零件表面雕刻图案和文字。

2.相关参数设置

打开"驱动方法"下拉列表框,选择"曲线/点",系统自动弹出如图 2-5-5 所示的"曲线/点驱动方法"对话框。用户可以在该对话框中设置"驱动几何体""驱动设置"等参数组。

图 2-5-5 "曲线/点驱动方法"对话框

(1)驱动几何体。

在"曲线/点驱动方法"对话框的"驱动几何体"选项组中,用户可以直接选择目标点或者曲线/边缘来定义驱动几何体。用户可以使用"点构造器"的多种方法来指定点,也可以使用"曲线"来指定曲线。

定制切削进给率为所选的每条曲线和每个点指定进给率和单位。必须首先指定进给率和单位,然后选择要应用它们的点或曲线。对于曲线,进给率将应用于沿着曲线的切削运动。非连续曲线或点之间的连接线采用下一条曲线或点的进给率。

选择"点"作为驱动几何体时要注意:按照顺序依次选取,因为系统是按点的顺序进行连线的,如果随意选择,连线时可能出现错误。同一个点可以选择多次,不能只指定一个点作为驱动几何体。

当用"曲线"作为驱动几何体时,刀具按选择曲线的顺序,沿着刀具路径从一条曲线向下一条曲线移动,因此,在选择曲线时要遵循一定的顺序。所选的曲线可以是连续的,也可以是非连续的,可以是平面曲线也可以是空间曲线,当指定相邻不连续的曲线定义驱动几何体时,默认情况下,系统将自动连接前一直线的端点和下一直线的起点,而产生连续的刀路。在用"曲线/点"驱动方法选择点或曲线后,会在图形窗口中显示一个矢量方向,表示默认的切削方向。对不封闭的曲线,靠近选择曲线的端点是刀具路径的开始点,对封闭曲线而言开始点和切削方向都是由选择段的次序决定的。

(2)驱动设置。

驱动设置可以设置"切削步长",用来控制驱动点在驱动曲线或者边缘上的分布情况。

"切削步长"有两个选项:"数量"和"公差"。"公差"用于指定驱动曲线与两个连续点的延伸线之间允许的最大垂直距离。若此法向距离不超出指定的公差值,则生成驱动点。一个非常小的公差可以生成许多相互非常靠近的驱动点。所创建的驱动点越多,刀具的运动轨迹就越接近驱动曲线。"数量"用于指定要沿着驱动曲线创建的最少驱动点数量,如图 2-5-6 所示。

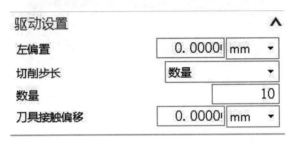

图 2-5-6　驱动设置

（二）螺旋式

1.定义

螺旋式以一个由用户定义的螺旋线生成驱动点,驱动点在垂直于投影矢量并包含中心点的平面上创建,然后沿着投影矢量投影到所选择的部件表面上,生成刀具路径。螺旋线的要素有螺旋线的中心点、最大半径和螺旋步距。"螺旋式"驱动是指从指定的中心点向外螺旋驱动进刀的方法。螺旋式驱动方法的最大特点是,在整个切削过程中只有一次进退刀,且刀轨没有方向上的突变,刀轨平滑向外移动,非常适用于外形类似圆形的工件的精加工。

2.相关参数设置

在固定轴轮廓铣操作对话框的"驱动方法"下拉列表中选择"螺旋式",系统自动弹出如图 2-5-7 所示的"螺旋式驱动方法"对话框。用户可以在该对话框选项中设置各种驱动参数等,其中参数的含义见表 2-5-3。

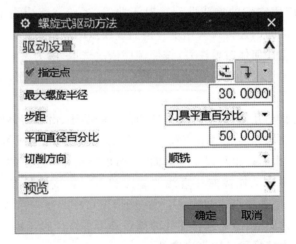

图 2-5-7　螺旋式驱动方法

表 2-5-3　驱动设置参数含义

选项	功能说明
指定点	通过"点构造器"可以指定螺旋式驱动轨迹的中心点,即刀具的开始切削点,如果用户没有指定中心点,则系统使用"绝对坐标系"的原点位置作为中心点,若中心点不在部件表面上,它将沿着定义的投影矢量移动到部件表面上

选项	功能说明
最大螺旋半径	通过指定最大半径来限制要加工的区域,从而限制所产生驱动点的数量,最大螺旋半径指螺旋线上的点离中心点的最大距离,是在垂直于投影矢量的平面上测量的,如果指定的半径包含在部件表面内,则退刀之前刀具的中心点按此半径定位。如果指定的半径超过了零件的几何表面,刀具在不能切削到零件几何表面时,会退刀、跨越,直至与零件几何表面接触,再进刀、切削
步距	用于指定相邻切削刀路之间的距离,即切削宽度
切削方向	根据主轴旋转定义驱动轨迹的切削方向,顺铣时刀具的切削方向与主轴旋转方向相同;逆铣时刀具的切削方向与主轴旋转方向相反

(三)边界

1. 定义

"边界"通过边界或环定义切削区域,在此切削区域内产生的驱动点按指定的投射方向投影到工件表面上,生成刀位轨迹。边界可由曲线、片体或固定边界产生,而环则由工件表面的边界产生,如果要使用环产生边界,则工件几何体必须是片体。曲面铣的边界驱动生成刀位轨迹的方法与平面铣有相似的地方,曲面铣边界的创建方法与平面铣边界的创建方法也一样,不同的只是平面铣将由边界产生的驱动点投射到平面上。边界驱动方法常用于工件局部的半精加工和精加工。边界可以由一系列曲线、现有的永久边界、点或面创建。边界可以超出部件表面的大小范围,也可以在部件表面内限制一个更小的区域,还可以与部件表面的边重合。

2. 相关参数设置

在固定轴轮廓铣操作对话框的"驱动方法"下拉列表中选择"边界",系统自动弹出如图 2-5-8 所示的"边界驱动方法"对话框。用户可以在该对话框中设置驱动几何体、切削模式、切削方向、步距、最大距离和剖切角等。

(1)驱动几何体。

驱动几何体用于定义和编辑驱动几何体的边界。单击"指定驱动几何体"选项时,系统会弹出如图 2-5-9 所示的"边界几何体"对话框。该对话框的参数设置在前面的项目中已经有介绍,这里不再赘述。

(2)公差。

边界的内公差与外公差用于指定刀具偏离实际边界的最大距离,公差值越小,刀路偏离边界距离越小,切削越精确,但计算时间会相应延长。内、外公差不能同时指定为 0。

(3)偏置。

偏置一般用于粗铣加工中控制材料的预留量,以便后续精加工时切除。当刀具位置属性为"对中"时,边界余量不起作用。

图 2-5-8　边界驱动方法

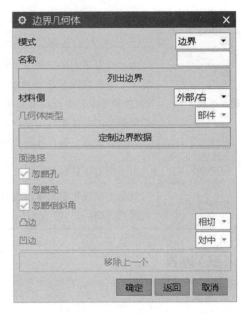

图 2-5-9　边界几何体

（4）空间范围。

空间范围有三个选项，分别是"关""最大的环"和"所有的环"。系统也允许由所选部件表面的外部边缘创建环来定义切削区域，从而产生加工部件表面的刀轨。环类似于边界，因为它们都可定义切削区域。但环与边界不同的是，环是在部件表面上直接生成的，无须投影。环可以是平面的，也可以是非平面的，沿着所有的部件表面边缘生成，并且总是封闭的。由于实体包含多个可能的外部边缘，存在不确定性，因此在选择实体定义部件几何体时，系统将无法创建环。但选择面时，系统可清楚地定义外部边缘，创建所需的环。

①关：不定义切削区域。

②最大的环：指定最大的环为切削区域。

③所有的环：指定所有的环均为切削区域。

（5）驱动设置。

①切削模式：刀具路径的形状，系统提供了 15 种类型，部分参数的含义如表 2-5-4 所示。

表 2-5-4　主要切削模式功能说明

类型	功能说明
跟随周边	可以沿着切削区域的轮廓创建一系列同心刀路，这种切削方法使刀具在步距间横向进刀时保持连续的进刀来使切削运动最大化
轮廓	沿切削区域的轮廓创建一条或指定数目的切削路径，其刀具路径与切削区域的形状有关，与切削整个区域的跟随部件不同，此选项仅用于沿着边界进行切削
标准驱动	可创建类似于跟随切削区域周边的轮廓铣切削模式，但是与轮廓铣不同的是，标准驱动不会修改刀轨以防止自相交或过切部件。标准驱动可使刀具精确地跟随指定的边界

续表

类型	功能说明
单向	用于创建一系列平行单向的切削刀轨。在切削过程中,切削方向不发生变化,能够保持一致的顺铣或逆铣运动,但是,在进行下一道切削时,需要首先返回到下一刀具轨迹的切削起点,所以不能保持连续的切削运动
往复	用于创建一系列平行往复式的切削刀轨。系统在一个方向上生成单向刀路,继续切削时按相反的方向创建一个回转刀路。往复式走刀在步距间保持连续的进刀来最大化切削运动,在相反方向切削的结果是生成一系列的交替"顺铣"和"逆铣"切削运动
单向轮廓	用于创建一系列平行单向,并且刀具沿着边界轮廓移动的刀轨。切削过程中方向不发生变化,也能保持一致的顺铣或逆铣切削运动,但不能保持连续的切削运动
单向步进	单向步进切削类型也用于创建一系列平行单向的切削刀轨。切削过程中方向不发生变化,也能保持一致的顺铣或逆铣切削运动,但同样不能保持连续的切削运动

切削模式不同,与之对应的参数也不同,一般会激活"切削方向""步距"和"剖切角"等参数。大部分参数在前面的项目中已经介绍,在这里只介绍没有讲解过的"步距"参数。

②步距:指定了连续切削刀路之间的距离,即切削宽度。这个参数有四个选项,包括"恒定""残余高度""平直百分比"和"变量平均值"。这几个参数的含义见表 2-5-5。

表 2-5-5　步距选项功能说明

选项	功能说明
恒定	表示在连续的切削刀路间指定固定距离
残余高度	系统根据输入的残余高度确定步距
平直百分比	根据有效刀具直径的百分比定义步距。有效刀具直径是指实际上接触到腔体底部的刀具直径。对于球头铣刀,系统将其整个直径当作有效刀具直径
变量平均值	使用介于指定的最小值和最大值之间的不同步距

(6)更多。

"更多"选项组包含"区域连接""边界逼近""岛清根""壁清理"和"精加工刀路"等多个参数。

①区域连接:该选项用来决定是否将刀具轨迹进行"区域连接",在保证不产生过切的前提下选择该选项,将连接不同切削区域的刀具轨迹,这样可以减少进刀和退刀运动,提高切削效率。

②边界逼近:当边界或区域中包含二次曲线或样条曲线时,采用"边界近似"将刀路变为更长的线段来缩短系统处理时间。

③岛清根:在切削过程中遇到岛屿时,在岛屿周围增加附加刀路以移除可能遗留下来的多余材料。只有在使用"跟随周边"切削模式时,此选项才被激活。

④壁清理:指清除零件壁的残余材料,选择该选项可在保证不产生过切的前提下,在"单向""往复""单向步进"切削类型中,移除部件壁上的残余材料。

⑤精加工刀路:在正常切削操作的末端添加一道精加工切削刀路,以便沿着切削区域轮

廓产生精铣刀路。

(四)区域铣削

1.定义

区域铣削是固定轴轮廓铣最常用的驱动方式,它通过指定切削区域来生成刀路轨迹,不需要驱动几何体。切削区域可以是曲面或实体。如果没有指定切削区域,系统将使用定义的完整"部件几何体"(包括刀具无法接近的区域)作为切削区域。区域铣削驱动常与非陡峭角结合使用,用于加工工件较为平坦的部分曲面,然后再通过型腔铣分层加工工件陡峭部分的曲面。

2.相关参数设置

在固定轴轮廓铣操作对话框的"驱动方法"下拉列表中选择"区域铣削",系统自动弹出如图 2-5-10 所示的"区域铣削驱动方法"对话框。用户可以在该对话框选项中设置陡峭空间范围、切削模式、切削方向、步距和剖切角等。

图 2-5-10　区域铣削驱动方法

(1)设置陡峭空间范围。

陡峭空间范围选项组用于根据刀轨的陡峭度限制切削区域。系统提供了三种方法:"无""非陡峭"和"定向陡峭"。

①无:在刀具路径上不使用陡峭约束,允许加工整个切削区域。

②非陡峭:用于切削非陡峭区域,选择该选项可在"陡峭角"文本框中输入陡峭角数值。零件的陡峭度是指刀轴与零件几何表面法向间的夹角,在每个接触点处计算夹角,然后与用户指定的陡峭角进行比较,如果夹角超出用户定义的陡峭角时,则系统认为该点表面是陡峭的。

③定向陡峭:切削指定方向上的陡峭区域,在路径方向基础上绕工作坐标系的 ZC 轴旋转 90°即为指定方向。路径方向由切削角度确定,即从工作坐标系的 XC 轴开始,绕 XC 轴旋转指定的切削角度,就是路径方向。

(2)切削模式。

在切削模式选项中,驱动方法比"边界"多了一种类型,那就是"往复上升",这种切削模式除了具有往复切削模式的特点外,用户还可以设置指定的局部"进刀""退刀"和"移刀"运动,方便在刀路之间抬刀。

(3)步距应用。

步距应用有两种类型,分别是"在平面上"和"在部件上"。

①在平面上:系统在生成刀轨时,步距是在垂直于刀轴的平面上测量的。如果将此刀轨应用于具有陡峭壁的部件,那么此部件上的实际步距是不相等的,因此,"在平面上"最适用于非陡峭区域。

②在部件上:系统在生成刀轨时,沿着部件测量步距,适用于具有陡峭壁的部件。可以对部件几何体较陡峭的部分维持更紧密的步距以实现对残余高度的附加控制。

三、切削参数设置

在各种操作子类型的固定轴轮廓铣加工中,均有一个"刀轨设置"选项组,用户单击切削参数图标,系统将弹出图 2-5-11 所示的"切削参数"对话框,在此对话框中可指定与切削移动有关的各种参数。不同的操作子类型对应的切削参数组也有所不同,一些通用切削参数已经在前面项目中详细介绍过,这里只介绍专用于固定轴轮廓加工的参数。

（一）"策略"选项卡

如图 2-5-11 所示,该选项卡定义了切削运动中最主要的参数。

1. 切削方向

切削方向包含"顺铣"和"逆铣"两个选项,这两种类型在前面的项目中已有介绍。

2. 剖切角

当使用单向、往复和单向轮廓等切削模式时,"剖切角"才被激活,用于指定刀具切削角度,这个角度是刀轨相对于 WCS 的 XC 轴的正方向夹角。

图 2-5-11　切削参数

3. 在凸角上延伸

切削运动通过内部突起边缘时,"在凸角上延伸"提供对刀轨的附加控制,以防止刀具驻留在这些边上。当用户勾选该选项时,刀具路径从部件几何体上抬起一个距离,并延伸至凸角端点的高度,如图 2-5-12 所示。刀具切削到凸角端点的高度时,刀具将直接移动到凸角的另一侧,从而避免进刀等各种非切削运动。系统还可以指定最大拐角角度,当凸角角度超出该角度时,刀具路径不再延伸。

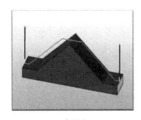　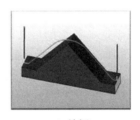

(a)打开　　　　　　　　(b)关闭

图 2-5-12　"在凸角上延伸"

4. 在边上延伸

"在边上延伸"控制刀路以相切的方式在切削区域的所有外部边缘上向外延伸,如图 2-5-13 所示。选择该选项,系统将激活参数"距离"。"距离"用于指定刀具轨迹的延伸长度,如图 2-5-14 所示。

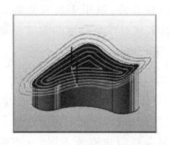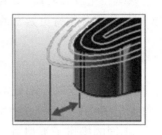

图 2-5-13 "在边上延伸" 图 2-5-14 "在边上延伸"距离

5. 在边上滚动刀具

用于控制是否在切削区域的外部边缘出现刀具沿着边缘滚动的刀轨,这是一种不利的情况,只用于某些特殊情况,如图 2-5-15 所示。

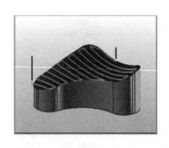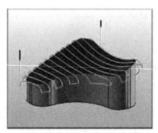

(a)关闭 (b)打开

图 2-5-15 "在边上滚动刀具"选项设置

(二)"多刀路"选项卡

如图 2-5-16 所示,该选项卡用于控制是否对部件几何体表面的材料进行分层切削。

1. 部件余量偏置

"部件余量偏置"用来定义切削层之间的距离。系统默认的切削层是一层。

2. 多重深度切削

"多重深度切削"用于定义各切削层之间的距离或指定层数,它包括"增量"和"刀路"两种步进方法,如图 2-5-16 所示。通常使用偏置部件几何体曲面来计算每个分层的刀轨。"增量"用于定义切削层之间的距离。指定了增量后,系统自动计算路径的层数,即用部件余量偏置值除以增量,得到层数,若计算的层数不是整数,系统自动取整,最后的余数将作为最后一层的切削深度。若部件余量偏置为 0.75 mm,增量为 0.25 mm,则共切削 3 层,第一条刀路的切削深度是 0.3 mm,第二条刀路的切削深度将增加 0.3 mm,而第三条刀路将切削剩余的深度 0.1 mm。第三条刀路是精加工切削,因为部件余量值已指定为 0。"刀路"用于直接设定切削层的数

图 2-5-16 "多刀路"选项卡

量来进行分层切削,每层的切削深度等于"部件余量偏置"除以"刀路"值。"多重深度切削"的设置状态如图 2-5-17 所示。

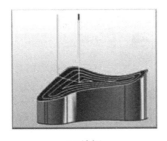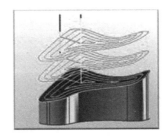

(a)关闭   (b)打开

图 2-5-17 多重深度切削

(三)"安全设置"选项卡

如图 2-5-18 所示,"安全设置"选项卡用于设定刀具与部件几何体或检查几何体之间的距离,以避免刀具在切削过程中与部件几何体或检查几何体发生碰撞。

1. 检查几何体

"检查几何体"用于指定切削移动期间刀具过切检查几何体时的响应方式。主要参数是"过切时"和"检查安全距离"。系统为参数"过切时"提供了三种选项:"警告""退刀"和"跳过"。"检查安全距离"用于定义刀具或刀具夹持器不能干涉检查几何体的附加安全距离,如图 2-5-18 所示。

2. 部件几何体

"部件几何体"的主要参数是"部件安全距离",用于定义刀具或刀具夹持器不能干涉部件几何体的附加安全距离,如图 2-5-19 所示。

图 2-5-18 "安全设置"选项卡

图 2-5-19 检查安全距离

(四)"更多"选项卡

1. 切削步长

如图 2-5-20 所示,"切削步长"指壁几何体上的刀具位置点之间沿切削方向的线性距离,切削时需指定"最大步长"值。"最大步长"设置得越小,刀轨沿部件几何体轮廓的运动越精确。最大步长不能小于指定的部件内公差值或部件外公差值。

图 2-5-20 "更多"选项卡

2. 倾斜

(1)斜向上角:指定刀具向上运动的限制角度,取值区间为 0°~90°。

(2)斜向下角:指定刀具向下运动的限制角度,取值区间为 0°~90°。

【任务实施】

1. 打开模型文件,进入加工环境

(1)打开模型文件。启动 UG 10.0,打开教材案例 2-5,如图 2-5-21 所示。

(2)进入加工模块,选择"开始"→"加工"命令。

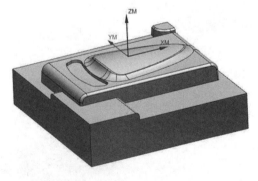

图 2-5-21 加工模型

任务实施模型

2. 创建铣削工序

在项目 2 任务 3 完成分型面铣削之后进行以下操作。

右击 WORKPIECE,插入工序"区域轮廓铣",打开"区域轮廓铣"对话框。因该工序是从 WORKPIECE 中插入的,故"区域轮廓铣"的"部件""毛坯"继承了 WORKPIECE 中的部件、毛坯。

3.设置铣削参数

指定"切削区域",指定顶面的曲面,如图 2-5-22 所示。"驱动方法"选择"区域铣削",如图 2-5-23 所示。

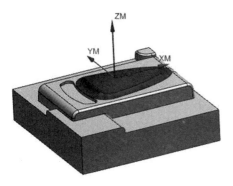

图 2-5-22 指定"切削区域"

图 2-5-23 驱动方法

点击"编辑" 🔧,打开"区域铣削驱动方法"对话框,如图 2-5-24 所示。"非陡峭切削模式"选择"跟随周边","刀路方向"选择"向内","切削方向"选择"顺铣","步距"选择"恒定","最大距离"选择 0.1 mm,"步距已应用"选择"在部件上",单击"确定"。

"工具"设置为 D8R4,如图 2-5-25 所示。

图 2-5-24 "区域铣削驱动方法"对话框

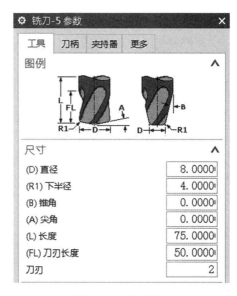

图 2-5-25 刀具设置

打开"刀轨设置",进入"切削参数"设置,将"策略"选项卡中"切削方向"设置为"顺铣","刀路方向"设置为"向内","在边上延伸"距离设置为 0.5 mm,如图 2-5-26 所示。

"进刀"选项卡设置如图 2-5-27 所示。

"进给率和速度"的参数设置如图 2-5-28 所示。

点击 📕 图标,生成刀路程序,如图 2-5-29 所示。

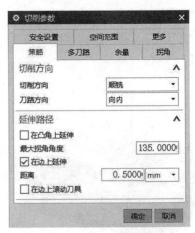

图 2-5-26 切削参数设置

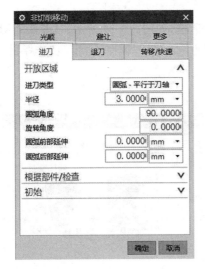

图 2-5-27 "进刀"选项卡设置

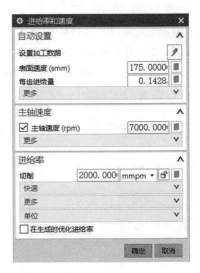

图 2-5-28 "进给率和速度"设置

图 2-5-29 生成刀路

【效果评价】

项目名称	三轴加工	学生姓名	
任务名称	曲面特征加工方法		
序号	考核项目	分值	考核得分
1	熟悉固定轴轮廓铣加工方法及参数含义	40	
2	熟悉驱动方法的使用参数含义	10	
3	熟悉刀轨设置及参数含义	40	
4	学习汇报情况	5	
5	基本素养考核	5	
	总体得分		

教师简要评语：

教师签名：

【任务思考】

1. 固定轴轮廓铣的子类型有哪几种？其功能作用是什么？

_____

_____

_____

_____

2. "驱动方法"中"方法"选项，常用的有几种？都有哪些功能？

_____

_____

_____

_____

_____

◀ 任务2.6　综合案例 ▶

【情境导入】

通过完成型芯、型腔零件的加工编程任务,培养学生根据加工零件特征选择加工 CAM 工序子类型的能力,根据零件特征选择合适的加工刀具和设置合适的切削参数的能力,要求学生充分掌握 CAM 编程切削参数设置的功能与命令。

【任务要求】

掌握各种特征面的加工方法,掌握 UG 软件 CAM 参数设置的相关命令操作。

【任务实施】

图 2-6-1 为某零件的型芯、型腔零件,分析模具零件的配合面和非配合面,选择合适 CAM 工序子类型,选择合适的刀具规格,设置合理的 CAM 参数,编写 CAM 加工程序,填写数控加工工艺卡片,见表 2-6-1。

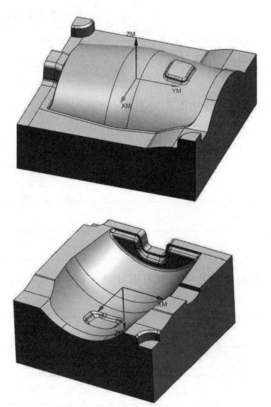

型芯模型

型腔模型

图 2-6-1　型芯、型腔零件

表 2-6-1 LJ2-CAM 加工工艺表

序号	加工方式（轨迹名称）	加工部位	刀具名称	刀具直径/mm	刀角半径/mm	刀具长度/mm	刀刃长度/mm	主轴转速（r/min）	进给速度（mm/min）	切削深度/mm	加工余量/mm	程序名称
1												
2												
3												
4												
5												
6												
7												
8												
9												
10												
11												
12												
13												
14												
15												

【效果评价】

项目名称	三轴加工	学生姓名	
任务名称	综合案例		
序号	考核项目	分值	考核得分
1	熟悉零件特征加工方法及参数含义	40	
2	熟练使用加工刀具	10	
3	熟悉刀轨设置及参数含义	40	
4	学习汇报情况	5	
5	基本素养考核	5	

续表

总体得分	

教师简要评语：

教师签名：

 课程思政案例

航天事故
——*严谨细致，质量意识*

  1996年2月15日凌晨3时01分，一枚高大雄伟的长征三号乙火箭，在西昌卫星发射中心点火起飞，火箭上搭载着一颗价值2亿美元的国际通信卫星。这是中国自主研制的长征三号乙火箭的首次发射，也是中国在国际商业发射市场上的重要一步。然而点火起飞后不到半分钟，火箭就在空中失控，撞向了距发射场不远的山坡并发生了剧烈的爆炸。火箭和卫星化为灰烬，现场一片狼藉，6名航天人员和村民不幸遇难，大量的人员受伤住院。

  根据事后调查报告，事故原因是由于四轴平台的随动环稳定回路功率级无电流输出，导致内环工作异常，致使惯性基准发生变化，同时控制系统输出了火箭在做正俯仰和正偏航运动的错误信息；控制系统为纠正火箭实际上并不存在的正俯仰和正偏航运动，意外地控制火箭进行负俯仰和负偏航，导致箭体快速向预定射向的右前方倾倒。

  此次事故后，中国航天人没有气馁和放弃，以更加坚定的信心和更加刻苦的努力，在质量问题归零的基础上，开展了一系列改进措施和创新活动，制定了《质量问题归零五条标准宣传手册》，明确提出了质量问题"归零双五条"标准。正是有了这样的高标准和严要求，才有了近几年中国航天的逐梦天宫，惊艳世界。

项目 3

四轴加工

项目描述

多轴数控加工能同时控制 4 个以上坐标轴的联动,将数控铣、数控镗、数控钻等功能组合在一起,工件在一次装夹后,可以对加工面进行铣、镗、钻等多工序加工,有效地避免了由于多次安装造成的定位误差,能缩短生产周期,提高加工精度。随着制造技术的迅速发展,人们对加工中心的加工能力和加工效率有了更高的要求,因此多轴数控加工技术得到了空前的发展。

数控加工一般采用立式加工中心或卧式加工中心。三轴立式加工中心最有效的加工面仅为工件的顶面,卧式加工中心借助回转工作台,也只能完成工件的四面加工。多轴数控加工中心具有高效率、高精度的特点,工件在一次装夹后能完成 5 个面的加工。如果配置五轴联动的高档数控系统,还可以对复杂的空间曲面进行高精度加工,非常适于加工汽车零部件、飞机结构件等的成型模具。例如,汽车大灯模具的精加工,用双转台五轴联动机床加工,由于大灯模具的特殊光学效果要求,用于反光的众多小曲面对加工的精度和光洁度都有非常高的指标要求,特别是光洁度,几乎要求达到镜面效果。采用高速切削工艺装备及五轴联动机床配合球铣刀切削出镜面的效果,就变得很容易,而过去的较为落后的加工工艺手段几乎不可能实现这个加工效果。

学习目标

(1)掌握四轴机床的结构,熟悉四轴机床的常见附件;
(2)掌握可变轮廓铣的特点;
(3)理解刀轴的概念;
(4)理解驱动方法的选择原则。

素质目标

(1)培养简单数控加工工艺制定的能力;
(2)具备确定加工方式、加工种类的能力;
(3)具备软件学习能力和知识迁移能力;
(4)掌握 3+1 定向加工、四轴联动加工的能力。

在汽车、通用机械、船舶、航空航天领域,异形复杂件占比越来越高,同时对零件表面的加工要求日趋严格。很多异形件或高要求工件,在传统三轴加工机床上要么不能加工,要么需要复杂的工装夹具及多次装夹才能完成,效率低,成本高,柔性不够。机床多轴化联动加工已是大势所趋。

任务3.1 四轴加工概述

【情境导入】

图 3-1-1 所示的两种典型零件,如何在机床中实现高效高精加工? 三轴机床能不能满足要求? 是否需要采用四轴或者五轴机床? 数控工艺如何排布? 加工刀路如何编制? 本任务将一一给予解答。

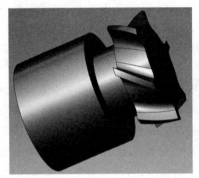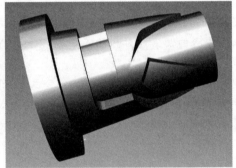

图 3-1-1 异形复杂件

【任务要求】

通过本任务的学习,需要达到以下学习要求:

(1)了解四轴机床的结构和功能,熟悉四轴机床常见附件;

(2)复习掌握 UG 软件中常见的三轴加工方法和加工策略;

(3)熟悉常用的四轴加工方法与加工策略;

(4)通过零件特征分析,能够判断是否需要四轴加工。

【知识准备】

一、四轴机床

四轴机床就是在传统 X、Y、Z 三个直线轴的基础上增加一个 A 轴或 B 轴,并且这四个轴能在 PLC 控制下进行协调可控的联动加工。

有的机床有四个轴,但第四轴只能作为分度轴单独运动,就是旋转到一个角度后停止并锁紧,这个轴不参与切削加工,因此这种机床只能叫作四轴三联动机床。同样,四轴联动机床总轴数可以不止 4 个轴,它可以有 5 个轴或者更多,但它的最大联动轴数是 4 个轴。

常见立式四轴加工中心,见图 3-1-2。它是在三轴加工中心的基础上,通过附加一个具有旋转功能的数控转台(A 轴)来实现,如图 3-1-3 所示。

图 3-1-2 典型四轴加工中心

图 3-1-3 四轴转台

四轴立式机床结构简单,成本低廉,只需配置数控转台即可实现。根据零件的形状长度可选不同的机床附件进行装夹,常见的有自定心卡盘、花盘、顶尖。实际加工装夹案例见图 3-1-4。

四轴卧式加工中心是在三轴卧式加工中心的基础上,配置一个 B 轴的回转工作台来实现四轴加工。四轴卧式加工中心的结构比四轴立式加工中心要复杂,体积和占地面积较大,价格也较高,但其加工精度高,加工时排屑也容易,可大大提高加工生产效率,常常用来加工精度高、形状复杂的工件。四轴卧式加工中心结构示意见图 3-1-5。

图 3-1-4 口罩滚切辊加工

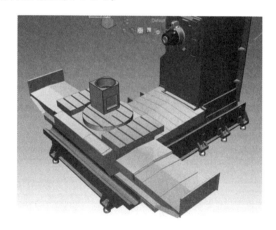

图 3-1-5 四轴卧式加工中心结构示意

二、四轴加工技术

复杂零件的加工编程需借助 CAM 软件实现,本书以 UG NX 10.0 作为程序编制工具,详细讲解四轴加工方法。

1.3+1 定向加工

四轴加工大部分情况下,是机床先按照要求将 A 轴旋转至一固定角度保持不变,再对工件进行加工。而在 A 轴固定的情况下,对零件进行的切削加工过程,我们可以认为它其实就是三轴加工。因此熟悉三轴加工策略是理解 3+1 定向加工的基础,也是学生前期必须掌握的技能。

2. 四轴联动加工

UG NX 10.0 中四轴加工常用的代表性策略就是可变轴轮廓铣(也称可变轮廓铣),通过选择合适的驱动方法与投影矢量,即可实现四轴的联动加工。可变轴轮廓铣使用最多的驱动方法是曲面和流线两种:曲面用于选择加工的曲面,而流线用于要改变刀轨路径的场合,但流线必须是 U 型和 V 型,即网格曲线。而在刀轴方法选择中,垂直于部件几何体和侧刃驱动体用得比较多,侧刃驱动体模式常用于精加工有拔模角度的外形轮廓或壁。

可变轴轮廓铣一般应用于曲面轮廓的半精加工或精加工,在多轴加工中有时也通过分层切削实现零件的开粗加工。具体设置方法见图 3-1-6。

图 3-1-6　可变轴轮廓铣

【任务实施】

1. 实例分析

现需加工一批如图 3-1-7 和图 3-1-8 所示的叶片和凸轮槽,请分析讨论这些工件是否需要采用四轴机床加工,若需要,请选择合适的加工策略。

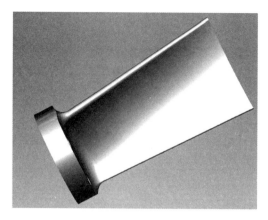

图 3-1-7　某型号叶片

图 3-1-8　凸轮槽

2. 分析讨论

(1)叶片零件分析。

该零件由凸面、凹面以及过渡圆弧构成。在 UG 中摆正视图发现,该零件无倒扣面,可在三轴机床上通过正反面两次装夹,实现加工。具体加工工艺安排见表 3-1-1。实际加工中需两次装夹,为保证过渡圆弧面的加工效果,还需设置一定的铣削重合量,工件成品弧面有接刀痕迹。分析得知,此零件三轴机床可以实现加工,但整体效率低下,零件表面质量不高。

若采用四轴机床加工,工件可绕 A 轴自动旋转,加工中不需要二次装夹;整个叶片表面精加工采用四轴联动加工,能大幅提高零件表面质量,甚至可达到以铣代磨的效果。因此,实际生产中多采用四轴铣削策略实现零件的高精加工。

表 3-1-1　叶片三轴铣削工艺过程安排

工序	工艺过程	加工策略
1	正面装夹,零件凸面开粗	型腔铣开粗
2	凸面半精加工	固定轴轮廓铣,半精加工
3	凸面精加工	固定轴轮廓铣,铣至 Z 向负平面
4	反面装夹,零件凹面开粗	型腔铣开粗
5	凹面半精加工	固定轴轮廓铣,半精加工
6	凹面精加工	固定轴轮廓铣,铣至 Z 向负平面

(2)凸轮槽零件分析。

很显然,凸轮槽在三轴机床上不能实现加工。该零件无论是开粗还是精加工,都必须在四轴机床上通过联动加工才能完成。该凸轮槽需采用可变轴轮廓铣,通过合适的驱动方法与投影矢量配合,实现铣削程序编制,具体的程序编制方法见任务 3.3。

【效果评价】

项目名称	四轴加工	学生姓名	
任务名称	四轴加工概述		
序号	考核项目	分值	考核得分
1	四轴立加、四轴卧加、机床附件的认知掌握	10	
2	是否有小组计划,课后是否进行自主学习	10	
3	是否具备零件工艺选择、机床选择、加工方式确定的能力	20	
4	是否掌握 UG 三轴编程技能	40	
5	熟悉可变轴轮廓铣界面,能简述与固定轴轮廓铣的区别	10	
6	学习汇报情况	5	
7	基本素养考核	5	
总体得分			

教师简要评语:

教师签名:

【任务思考】

1.什么是多轴定向加工？什么是多轴联动加工？

2.立式、卧式四轴加工中心分别是哪几个轴参与运动？怎样判断旋转轴的正负？

◀ 任务 3.2 3＋1 定向加工 ▶

【情境导入】

本任务加工对象为叶轮,它的外形结构如图 3-2-1 所示。该零件叶轮槽部分需要铣削加工完成。如何安排加工工艺和确定加工方法,是本任务学习的重点。

图 3-2-1 叶轮

叶轮

【任务要求】

通过本任务的学习,需要达到以下学习目标:

(1)能判断零件需要 3＋1 定向加工还是四轴联动加工;

(2)掌握 UG 软件中 3＋1 定向加工方法;

(3)掌握刀路的编辑和变换操作。

【知识准备】

1. 指定刀轴

数控铣削加工中存在着刀轴的概念。UG 中刀轴方向为刀具底部中心指向刀柄处,它控制刀具的开始加工方向。在三轴中,刀轴方向即 Z 轴正方向,因此刀轴方向默认为＋ZM 轴。如果将操作类型指定为"固定轮廓铣",则只有"固定刀轴"(＋ZM)选项可以使用。如果将操作类型指定为"可变轮廓铣"(可变轴轮廓铣),则全部刀轴选项均可使用,如图 3-2-2 所示。

在四轴定向加工中,一般需要根据零件特征指定刀轴方向。下面以具体零件来演示指定刀轴的方法。图 3-2-3 为零件外形结构,右侧六边形

图 3-2-2 刀轴选项

柱面需采用定向开粗,具体方法见表 3-2-1。

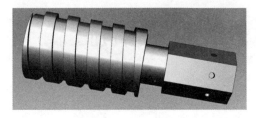

图 3-2-3 零件模型

零件模型

表 3-2-1 零件定向加工操作步骤

步骤	操作要点	图示
1	进入加工环境;创建加工坐标系、刀具、毛坯模型;创建加工方法:面铣开粗	
2	指定第一个铣削平面的刀轴方向;其余参数设置同三轴加工	
3	生成相应的开粗刀路;底面精加工参数设置同三轴精加工类似	

步骤	操作要点	图示
4	顺序指定各平面法向为刀轴方向,进行相应平面的加工;最终开粗刀路如右图所示	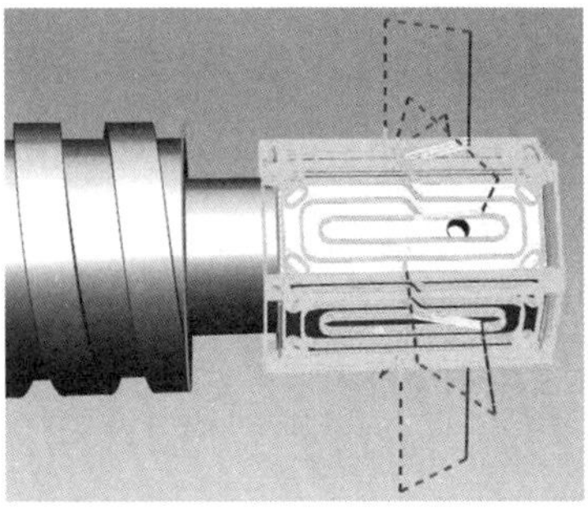
5	各平面钻孔操作同上,此处不再演示	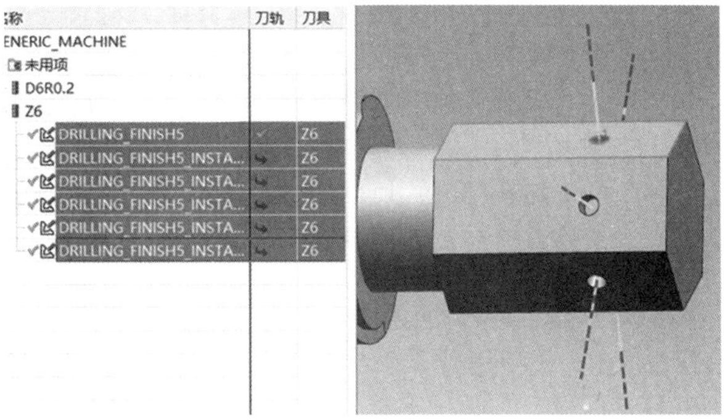

2. 刀路转换

如表 3-2-1 所示,零件各平面的开粗均需要指定对应刀轴,编程效率低下。实际应用中只需指定一个面的刀轴方向进行刀路生成,其他面开粗可采用刀路变换功能实现。具体操作见表 3-2-2。

表 3-2-2 定向开粗之刀路变换

步骤	操作要点	图示
1	创建加工方法,面铣开粗,生成第一个平面开粗刀路	

续表

步骤	操作要点	图示
2	选中程序进入刀路变换界面	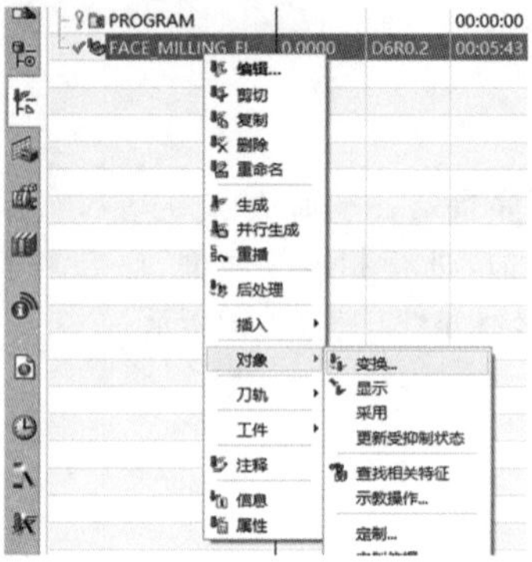
3	进行刀路变换。 注意事项： 1. 选择合适的刀路变换类型； 2. 选择"实例"使生成的变换刀路与主刀路具有关联性	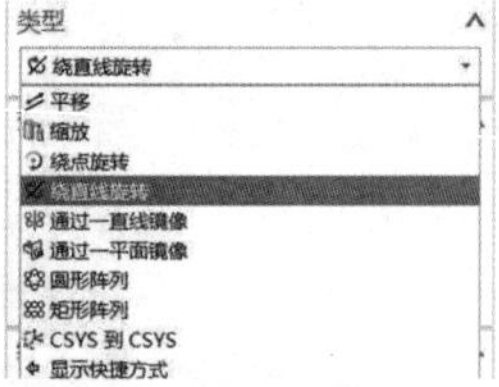 
4	产生开粗刀路	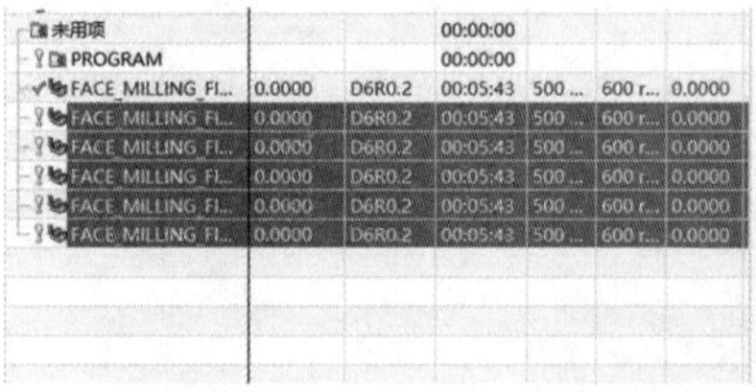 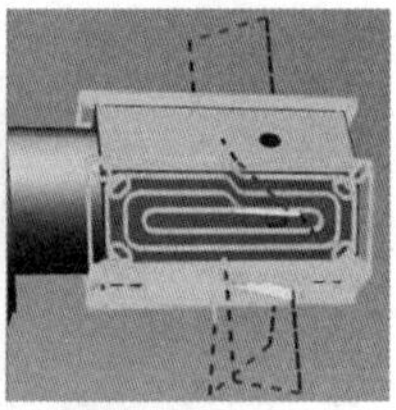
5	产生钻孔主刀路,刀路变换至各平面	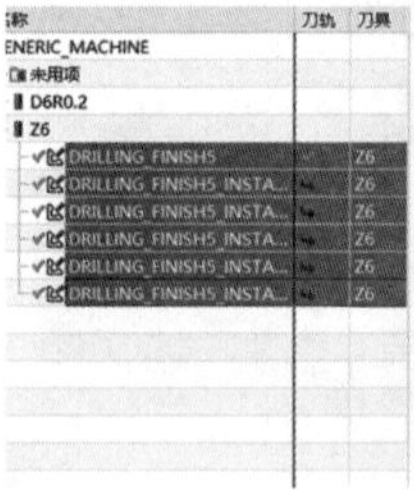 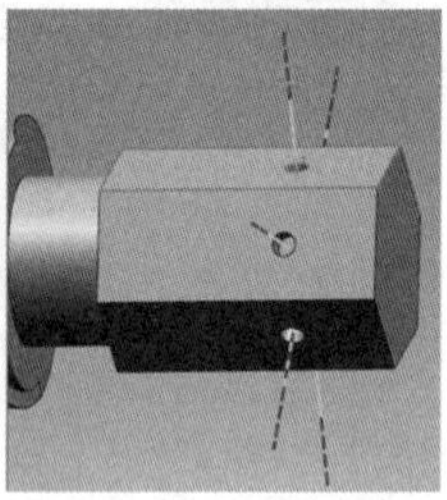

【任务实施】

通过前述知识点的讲解,可以很轻松地编制如图 3-2-1 所示叶轮的相应加工刀路。因为 3+1 定向加工大部分是三轴策略,此处只对关键步骤进行详细解释,具体操作过程如下:

1. 创建加工环境

打开模型,进入加工模块,创建坐标系、刀具、加工方法等。设置加工坐标系时,务必保证回转轴为 X 轴。

2. 开粗加工

首先对一个槽进行开粗加工。选择型腔铣开粗,指定切削区域,如图 3-2-4 所示。由于采用＋ZM 轴作为刀轴方向时,此区域无倒扣面,可全部加工到位,因此刀轴方向可直接设置成＋ZM 轴。其余参数设置同三轴加工,最终开粗刀路见图 3-2-5。

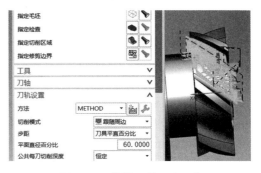

图 3-2-4 型腔铣切削区域选择   图 3-2-5 单槽开粗刀路示意

技巧:若零件刀轴方向不确定,可将零件通过鼠标摆放至合适位置,使用刀轴中"指定矢量"功能,即可快速确定刀轴方向,如图 3-2-6 所示。该使用技巧在五轴定向加工中使用广泛,同学们需熟练掌握。

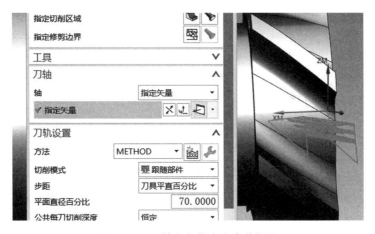

图 3-2-6 刀轴方向指定为当前视图

然后变换刀路,对其他槽进行开粗。最终刀路效果见图 3-2-7。

图 3-2-7 开粗完整刀路

3. 半精加工与精加工

对单槽进行半精加工与精加工时,因该零件精加工区域无倒扣,可直接通过固定轴轮廓铣进行定向加工,如图 3-2-8 所示。

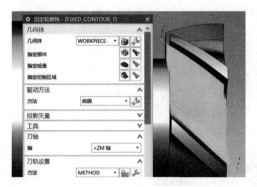

图 3-2-8 精加工刀路

变换刀路,完成整个零件流道的精加工,此处不再演示。

根据机床性能、刀具材料等确定合适的切削用量,本书不做具体设置。

【效果评价】

项目名称	四轴加工	学生姓名	
任务名称	3+1 定向加工		
序号	考核项目	分值	考核得分
1	是否会判断零件需要 3+1 定向加工还是联动加工	10	
2	是否熟悉刀轴的概念和刀轴方向的指定方法	10	
3	是否掌握刀路变换方法	10	
4	是否会控制刀路和优化刀具路径	15	
5	是否会选择合适切削参数正确编制完整加工程序	45	
6	学习情况汇报	5	
7	基本素养考核	5	
总体得分			

教师简要评语:

教师签名:

【任务思考】

1. 3+1 定向加工中,刀轴方向如何指定?

_____

_____

_____

_____

2. UG 编程刀路变换中,"移动""复制""实例"三者的区别是什么?

_____

_____

_____

_____

_____

◀ 任务 3.3　四轴联动加工 ▶

【情境导入】

本任务加工对象为轴类零件,它的外形结构如图 3-3-1 所示。该零件需在表面铣出两个异形槽。如何安排加工工艺,确定加工方法,以及编制合适的加工刀路,是本任务学习的重点。

图 3-3-1　某轴类零件

【任务要求】

某轴类零件

通过本任务的学习,需要达到以下学习目标:

(1)理解可变轴轮廓铣的常用驱动方法;

(2)掌握常见四轴联动加工的刀轴选择原则;

(3)初步理解投影矢量的作用和选择方法。

【知识准备】

一、可变轴轮廓铣

可变轴轮廓铣是通过驱动面、驱动线或驱动点来产生驱动轨迹路径的,把这些驱动点按照一定的数学关系投影,投影到被加工的曲面上,再按照某种规则来生成刀具路径。即通过"驱动方法"产生驱动轨迹,利用"投影矢量"驱动刀轨投影至被加工曲面上,再按照"刀轴"选项产生具体刀具路径。

因此,理解可变轴轮廓铣加工方式最主要的就是弄清"驱动方法""投影矢量""刀轴"这三个关键参数,及三者之间的相互关系。可变轴轮廓铣参数设置见图 3-3-2(注:软件 UG NX 10.0 通常将"可变轴轮廓铣"简写为"可变轮廓铣")。

二、驱动方法

驱动方法即驱动点产生的方法。有些驱动方法在曲线上产生一系列驱动点,有些驱动方法则在一定面积内产生以一定规则排列的驱动点。四轴加工常用驱动方法有"曲线/点"和"曲面"。在驱动不理想的情况下,部分曲面也会采用"流线"方式。驱动方法示意见图 3-3-3。

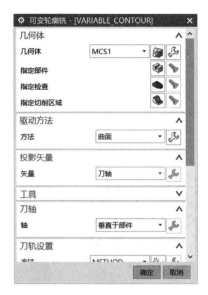

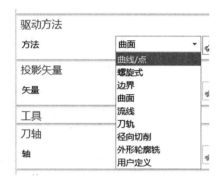

图 3-3-2 "可变轴轮廓铣"对话框　　　　图 3-3-3 驱动方法

我们以常用的"曲面"驱动来讲解相关参数的含义,界面见图 3-3-4。

1. 切削区域

允许用户通过指定曲面百分比或对角点来定义要使用驱动曲面的区域大小。实际工程中,曲面百分比使用较常见,见图 3-3-5。

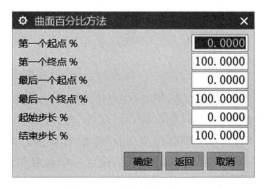

图 3-3-4 曲面区域驱动方法　　　　图 3-3-5 曲面百分比方法

曲面百分比通过定义第一个刀路的起点终点百分比、最后一个刀路的起点终点百分比、起始步长百分比以及结束步长百分比来确定要利用的曲面区域大小。当只有一个驱动曲面时,整个曲面就是 100%。若指定了多个曲面,100% 被该方向的曲面数目均分,不管曲面大小每个曲面被赋予相同的百分比。

如将第一个起点、最后一个起点和起始步长都看作 0%,那么当输入一个小于 0% 的值(负百分比)时,就可以把切削区域延伸到曲面边缘外,输入一个大于 0% 的值可以减小切削区域。同理,如将第一个终点、最后一个终点和结束步长都看作 100%,那么输入一个小于 100% 的值可以减小切削区域,输入一个大于 100% 的值可以将切削区域延伸至曲面边缘外。示意如图 3-3-6 所示。

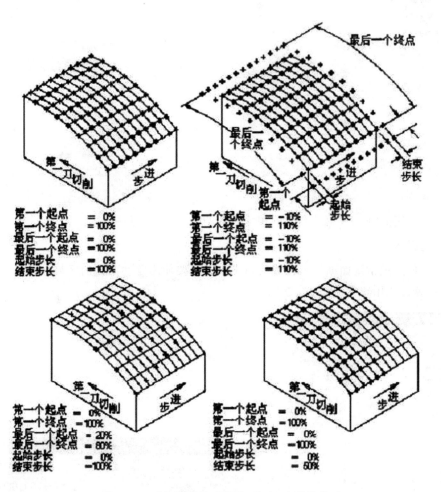

图 3-3-6 曲面百分比中起点、终点、步长的关系

需要注意的是,用 0～100% 之外的值延伸的时候,曲面总是和边缘相切,是线性延伸的。但如果解析曲面(如圆柱)时,那就会沿着圆柱的半径继续向外延伸。

"起始步长"和"结束步长"是沿着步进方向(即垂直于第一个"切削方向")的百分比距离。若指定多个驱动曲面时,最后一个起点和最后一个终点不能用。

2. 切削方向

切削方向用于指定刀路沿着驱动曲面的 U 向或 V 向产生驱动点。

3. 切削步长

切削步长控制切削方向上驱动点之间的距离。在两种情况下,切削步长非常重要:一是直接在驱动曲面上加工;二是"刀轴"相对于"驱动曲面"定义。指定的驱动点越多,则刀轨和刀轴跟随驱动曲面的轮廓越精确。可通过"数量"或"公差"的方式来控制切削步长。

三、刀轴

刀轴即刀轴矢量,用于控制刀轴的变化规律。所选择的驱动方法不同,可以采用的刀轴控制方式也不同,即驱动方法决定了刀轴控制方法的可用性。在四轴加工机床上进行四轴加工,较常用的刀轴形式有"远离直线""朝向直线""垂直于部件""垂直于驱动体"。加工部分复杂零件时也会使用"插补矢量"。刀轴选项见图 3-3-7。

图 3-3-7 刀轴示意图

四、投影矢量

投影矢量指引驱动点按照一定规则投影到零件表面,同时决定刀具将接触零件表面的位置。所选择的驱动方法不同,可以采用的投影矢量方式也不同。在四轴加工中投影矢量使用场合较少,该部分内容放置在五轴加工中讲解。

四轴加工主要通过驱动方法和刀轴的相互配合来实现,具体见表 3-3-1。

表 3-3-1 驱动方法与刀轴控制

刀轴可选项	驱动方法							
	曲线/点	螺旋式	边界	曲面	流线	刀轨	径向切削	外形轮廓铣
远离点	√	√	√	√	√	√	√	
朝向点	√	√	√	√	√	√	√	
远离直线	√	√	√	√	√	√	√	
朝向直线	√	√	√	√	√	√	√	

刀轴可选项	驱动方法							
	曲线/点	螺旋式	边界	曲面	流线	刀轨	径向切削	外形轮廓铣
相对于矢量	√	√	√	√	√	√	√	
垂直于部件	√	√	√	√	√	√	√	
相对于部件	√	√	√	√	√	√	√	
4轴,垂直于部件	√	√	√	√		√	√	
4轴,相对于部件	√	√	√	√		√	√	
双4轴在部件上				√	√			
插补矢量	√			√	√			
插补角度至部件				√	√			
插补角度至驱动				√	√			
优化后驱动				√	√			
垂直于驱动体				√	√			
侧刃驱动体				√	√			
相对于驱动体				√	√			
4轴,垂直于驱动体				√	√			
4轴,相对于驱动体				√	√			
双4轴在驱动体				√	√			
与驱动路径相同						√		
自动								√
对齐到边								√
侧刃基本UV								√

【任务实施】

经分析,图 3-3-1 所示零件需通过四轴联动进行加工。具体工艺过程安排如下:外圆柱面车削加工→槽联动开粗→槽侧壁和底部精加工。

一、四轴铣削加工

此零件完整工艺排布和编程刀路不详述,只介绍关键知识点和实际操作方法。零件槽宽 6 mm,最窄处不足 5 mm,且槽侧壁为运动面,加工精度要求较高,层切开粗加工选择 3 mm 铣刀。具体见表 3-3-2。

表 3-3-2 异形槽四轴加工

步骤	操作要点	图示
1	打开"在面上偏置曲线"对话框，偏置距离设为 1.62 mm（一个刀具半径＋0.12 mm 余量），用于生成驱动曲线	
2	选择可变轴轮廓铣，驱动方法选择"曲线/点"，选择"偏置曲线"作为驱动几何体，"切削步长"选择"公差"，公差设置为 0.01 mm	
3	刀轴选择"远离直线"，指定矢量为 X 轴。注意：部件要选底部曲面，不能选整个零件，否则驱动点投影后会产生不理想刀路	
4	通过"切削参数"中的"多刀路"实现层切开粗；设置"安全平面"为圆柱	

步骤	操作要点	图示
5	其余参数设置同三轴加工,生成开粗刀路	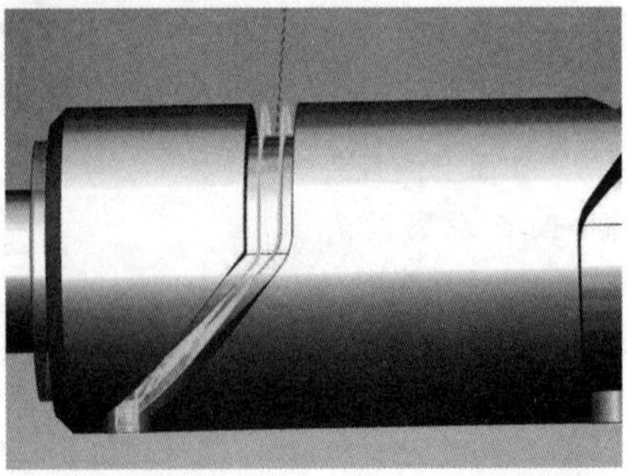
6	底面精加工,余量设置成0,生成一条底面光刀刀路	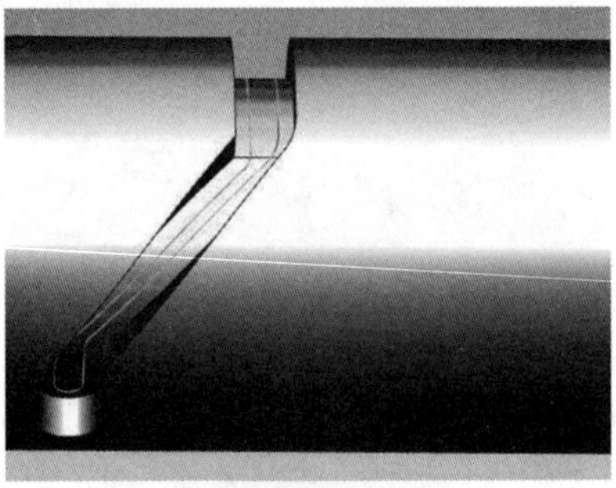
7	侧壁半精加工,利用指令"面上偏置",偏置距离设为1.55 mm,以"曲线"为驱动方法,生成半精加工侧壁刀路	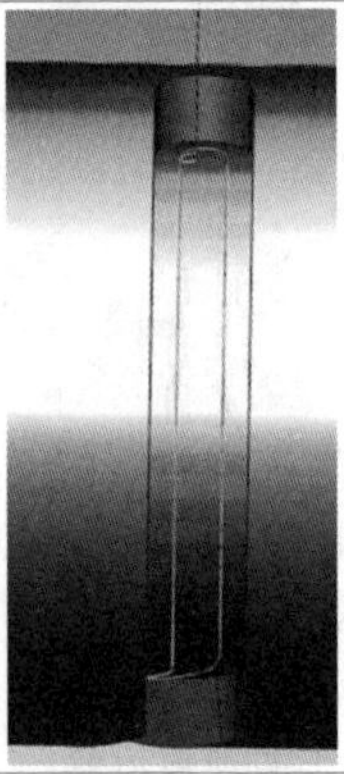
8	侧壁精加工,驱动方法设置为"曲面",选择侧壁为驱动面,设置切削方向、材料反向、切削步距等	

步骤	操作要点	图示
9	另一处槽的加工方法与前述相似,此处不再演示	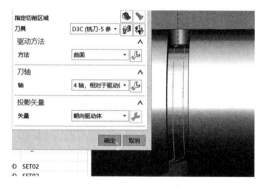

二、举一反三

四轴编程方法比较灵活,实际加工中可通过不同驱动方法、刀轴矢量和投影矢量的配合,实现相同效果。

(1)该零件的侧壁精加工,也可采用"4 轴,相对于驱动体"刀轴策略,此时投影矢量要变更为"朝向驱动体"。最终生成刀路如图 3-3-8 所示。

(2)现实加工中,有部分零件是逆向得来的,存在 UV 曲线不一致、曲面通过补面得到、公差超差不能选取等情况,此时可采用流线驱动的方式来实现程序编写。具体参数设置见图 3-3-9。

图 3-3-8　曲面驱动　　　　　　　　　　　图 3-3-9　流线驱动的参数

三、实践检验

已知零件结构如图 3-3-10 所示,请制定合理的数控加工工艺,并编制相应切削刀路。

图 3-3-10　螺旋槽

螺旋槽

该零件结构同图 3-3-1 所示零件,编程思路也类似。在面上偏置一个刀具半径加切削余量的曲线,通过曲线驱动实现层切开粗,然后进行底面和槽侧壁的精加工。

该零件槽宽各处均匀,为 22 mm,可用 20 mm 铣刀通过槽中线完成层切开粗。但对刀具路径进行模拟时会发现,每切完一层就会进行大范围的抬刀移动,机床辅助运动时间较长,造成整体开粗效率低下。刀路示意见图 3-3-11。

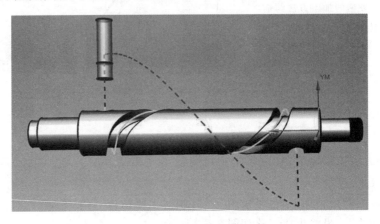

图 3-3-11　中线驱动,层切开粗

可在顶部再偏置一条曲线,通过流线驱动的方式实现一次进刀一次退刀的往复切削运动,从而实现高效率开粗。具体操作步骤见表 3-3-3。

表 3-3-3　流线往复开粗刀路

步骤	操作要点	图示
1	偏置出槽顶部中线	
2	可变轴轮廓铣采用流线驱动	驱动方法 方法　流线 投影矢量 矢量　刀轴 工具 刀轴 轴　远离直线 刀轨设置

步骤	操作要点	图示
3	流线驱动方法设置	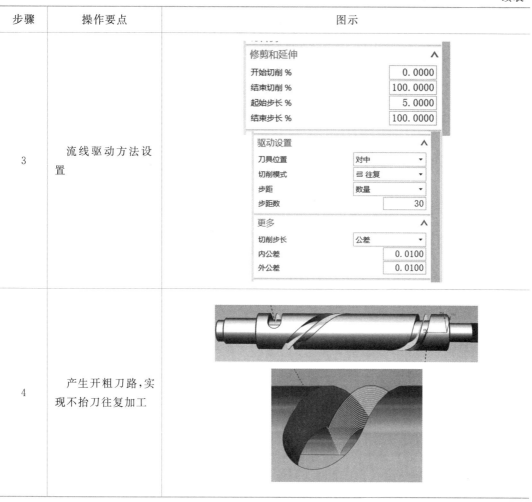
4	产生开粗刀路,实现不抬刀往复加工	

实际加工中,也可利用两条引导线产生相应直纹曲面,将直纹曲面作为刀路"驱动曲面",通过刀路"对中"和"往复"切削方式,实现同流线铣相同的刀路。同一零件可采用不同的切削策略,但最终生产的刀路都一致,希望同学们多学多练,灵活应对。

【效果评价】

项目名称	四轴加工	学生姓名	
任务名称	四轴联动加工		
序号	考核项目	分值	考核得分
1	是否准确理解可变轮廓铣的概念	10	
2	是否掌握驱动方法、刀轴、投影矢量的含义	15	
3	对于给定零件是否能用正确驱动方法和刀轴控制策略进行编程加工	45	
4	课后编程练习完成情况	20	

续表

序号	考核项目	分值	考核得分
5	学习情况汇报	5	
6	基本素养考核	5	
	总体得分		

教师简要评语：

教师签名：

【任务思考】

1.可变轴轮廓铣中,驱动方法、投影矢量和刀轴之间有什么关系?

2.投影矢量的定义是什么? 如何理解投影矢量?

3.曲面驱动方法中,切削区域应该如何按照设计需要进行控制? 曲面驱动和流线驱动的区别是什么? 各自适用何种场景?

 课程思政案例

东芝事件的启示

——高端制造与国家安全

1987 年 5 月 27 日,日本警视厅逮捕了日本东芝机械公司铸造部部长林隆二和机床事业部部长谷村弘明。东芝机械公司曾与挪威康士堡公司合谋,非法向苏联出口大型铣床等高技术产品,林隆二和谷村弘明被指控在这起高科技走私案中负有直接责任。此案引起国际舆论一片哗然,这就是冷战期间最大的军用敏感高科技走私案件之一:东芝事件。

在当时冷战的背景下,对社会主义国家的出口,要受到巴黎统筹委员会(简称"巴统",由除冰岛以外的北约国家与日本等国组成)的限制。五轴联动数控机床在当时属于最先进的工业技术产品,苏联根本无法自行设计制造。由于该设备可用于加工军用舰艇的螺旋桨,大大减少舰艇的噪声,明显属于被巴黎统筹委员会禁止向苏联出口的机械设备。

东芝机械公司最终以 35 亿日元的价格出口给苏联四台五轴联动大型数控螺旋桨铣床,并配发超量配件。然而,这场交易中真正得利的还是苏联:他们得到的产品是不能以价格来衡量的。因为这些技术的应用,北约和美国对苏联在海军舰艇方面一下子失去了原有的优势。

虽然最后东芝因为该事件被美国制裁,但直到现在,在寂静的大海里,美国海军仍然没有绝对的把握去发现俄罗斯潜艇的踪迹。虽然这一事件已过去 30 多年,但它带给我们的启示不该被忘记!

装备制造业尤其是高端装备制造是一个国家发展的基石,大型高精度数控设备更是装备制造业里的重中之重,它直接关系国家的工业能力,继而直接影响国家的军事实力和国际地位。

项目 4

五轴加工

项目描述

爱好军事的朋友可能知道著名的"东芝事件"：20世纪80年代，美苏冷战对峙期间，日本东芝公司通过第三方卖给苏联几台五轴联动的数控铣床，结果苏联用于制造潜艇的推进螺旋桨，由于先进机床辅助，潜艇噪声大大降低，使美国间谍船声呐系统很难监听到苏潜艇的声音，因此美国以东芝公司违反了战略物资禁运政策，严厉惩处了东芝公司。由此可见，五轴联动数控机床系统对一个国家的航空、航天、军事、科研、精密器械、高精医疗设备等行业，有着举足轻重的影响力。人们普遍认为，五轴联动数控机床系统是解决叶轮、叶片、船用螺旋桨、重型发电机转子、汽轮机转子、大型柴油机曲轴等加工的唯一手段。所以，每当人们在设计、制造复杂曲面遇到无法解决的难题时，往往转向求助五轴数控系统。

前文已经提到多轴数控加工中心具有高效率、高精度的特点，工件在一次装夹后能完成5个面的加工，还可对复杂的空间曲面进行高精度加工，不光适用于加工军工产品，也非常适于加工汽车零部件、飞机结构件等。

五轴加工的一个重要优点是，它可以使用更短的切削刀具，因为刀具头部可以通过机床摆动一定的角度，使刀具刀尖朝向工件表面。因此，可以在不对刀具施加过多负载的情况下实现更高的切削速度，从而延长刀具寿命并减少破损。使用较短的刀具还可以减少在使用三轴机床加工型芯或型腔时可能导致的刀具振动。这样可以获得更高质量的表面光洁度，从而减少甚至消除耗时的手工精加工的工序。

使用五轴加工的另一个好处是能够加工极其复杂的零件，否则这些零件必须铸造。对于原型件和非常小的零件，这种方法更快更便宜。它可以提供一到两周的交货时间，而不是铸件所需的几个月甚至更长时间。

学习目标

(1)掌握五轴机床的结构，熟悉五轴机床常见附件；

(2)掌握可变轴轮廓铣的特点；

(3)理解驱动方法、刀轴矢量、投影矢量的概念和具体用法；

(4)掌握可变轴轮廓铣和可变轴顺序铣；

(5)掌握叶轮模块的程序编制方法。

素质目标

(1)具备制定零件数控加工工艺的能力;

(2)具备确定加工方式、加工策略、加工参数的能力;

(3)具备软件学习能力和知识迁移能力;

(4)掌握 3+2 定向加工、五轴联动加工的能力。

项目导入

在汽车、通用机械、发电、船舶、航空航天等领域,很多零件需要整体铣削完成,若采用三轴机床加工,就必须设计复杂工装并进行多次装夹才能完成,效率低,成本高,采用五轴机床加工可一次装夹实现大部分特征面的加工。

任务 4.1 五轴加工概述

【情境导入】

对于如图 4-1-1(a)所示的高拔模面,采用三轴机床加工,会存在装刀过长的情况,导致刀摆较大,精度较低,而在五轴机床上可通过摆动一个刀具角度,实现短刀装夹的拔模面精加工。

再如图 4-1-1(c)中的叶轮,由于结构复杂,流道空间狭小,传统三轴机床完全无法实现切削加工。由于五轴机床可通过两个转动轴的旋转随时调整刀具和工件间的姿态,因此可完美避开刀具干涉、欠切、过切、球刀零点切削等一系列问题,从而具备高效加工异形件的能力。

五轴机床结构复杂,种类多样,不同结构适用于不同异形零件的加工。理解五轴加工机床的结构、特点,五轴加工的策略选择及五轴编程方法是大家必须掌握的能力。

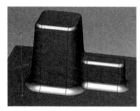   

(a)凸台　　　　(b)刀柄　　　　(c)叶轮　　　　(d)底座

图 4-1-1 典型五轴加工零件

【任务要求】

通过本任务的学习,需要达到以下学习目标:

(1)了解五轴加工的优势,掌握五轴机床的结构和适用场景;

(2)掌握驱动方法、刀轴矢量和投影矢量的概念和用法;

(3)理解可变轴轮廓铣与可变轴顺序铣;

(4)具备合理制定加工工艺的能力。

【知识准备】

一、五轴机床结构

五轴即在 X、Y、Z 三个直线轴的基础上增加了两个旋转轴,这两个旋转轴具有不同的运动方式。A、B、C 三个旋转轴通过不同的组合形成不同的五轴机床机构,主要有主轴倾斜式、工作台倾斜式、主轴/工作台倾斜式三大类。

1. 主轴倾斜式五轴机床

两个旋转轴都在主轴头一侧的机床结构,称为主轴倾斜式五轴机床,或称为双摆头五轴机床。它有两种比较典型的结构,分别是十字交叉型双摆头(A、C 轴)和刀轴俯垂型双摆头(B、C 轴),具体示意见图 4-1-2 和图 4-1-3。

(a)结构示意　　　　　　　　　　　(b)实物机床

图 4-1-2　十字交叉型双摆头五轴机床

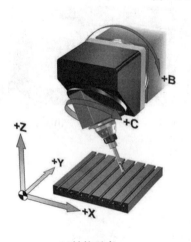

(a)结构示意　　　　　　　　　　　(b)实物机床

图 4-1-3　刀轴俯垂型双摆头五轴机床

双摆头五轴机床具有以下特点：

（1）主轴运动灵活，工作台承载能力比较强，机床可设计得非常大。

（2）主轴刚性和承载能力弱，不能承受重载切削。

（3）一般用来加工汽车覆盖件模具、飞机机身模具、船舶工业等大型零部件。

2. 工作台倾斜式五轴机床

两个旋转轴都在工作台一侧的机床结构，称为工作台倾斜式五轴数控机床，或称为双转台五轴结构机床。它有两种比较典型的结构，分别是摇篮式工作台（A、C 轴）和 B 轴俯垂工作台（B、C 轴），具体示意见图 4-1-4 和图 4-1-5。

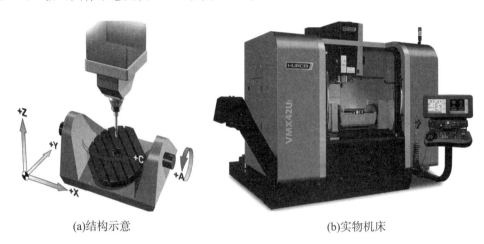

(a)结构示意　　　　　　　　　　　　(b)实物机床

图 4-1-4　摇篮式工作台五轴机床

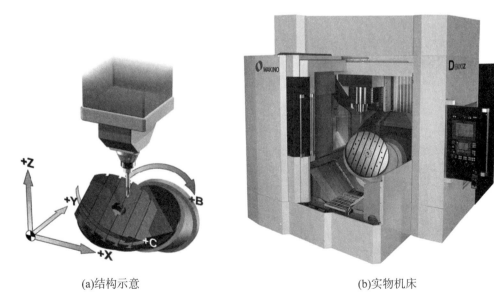

(a)结构示意　　　　　　　　　　　　(b)实物机床

图 4-1-5　B 轴俯垂工作台五轴机床

工作台倾斜式五轴机床具有以下特点：

（1）主轴结构简单，刚性好。

（2）整体成本不高，C 轴回转台可自由旋转。

（3）工作台为回转件，尺寸受限，承载能力不大，一般用于中小型零件的加工。

3. 主轴/工作台倾斜式五轴机床

两个旋转轴中的主轴头设置在刀轴一侧，另一个旋转轴在工作台一侧，称为主轴/工作台倾斜式五轴机床，或称为摆头转台式五轴机床，如图 4-1-6 所示。

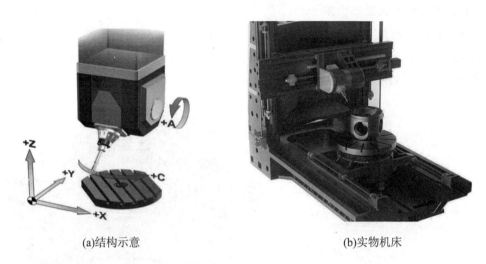

(a)结构示意　　　　　　　　　　　(b)实物机床

图 4-1-6　摆头转台式五轴机床

4. 卧式加工中心

卧式加工中心是指主轴轴线与工作台平行设置的加工中心机床，五轴卧式加工中心是在三个直线轴的基础上增加了两个转动轴。卧式加工中心适合于零件多工作面的铣、钻、镗、铰、攻丝、两维曲面、三维曲面等多工序加工，能在一次装夹中完成箱体孔系和平面加工，广泛应用于汽车、内燃机、航空航天、家电、通用机械等领域。典型结构见图 4-1-7。

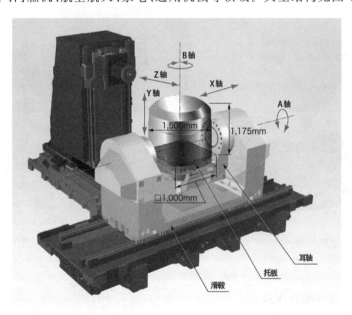

图 4-1-7　五轴卧式加工中心

二、五轴机床的优势

1. 切削状态和切削条件良好

在三轴加工中,当切削刀具向顶端或工件边缘移动时,切削状态会逐渐变差,为保持最佳切削状态,就需要对工件进行角度上的旋转,这就是五轴加工。另外五轴加工还可以避免在三轴铣削曲面时出现的零点切削问题。具体示意见图 4-1-8。

(a)改善曲面质量 (b)避免刀尖切削

图 4-1-8 改善切削条件

2. 效率高,干涉小

针对叶轮、叶片和模具陡峭侧壁加工,三轴数控机床无法满足加工要求,五轴数控机床则可以通过控制刀轴空间姿态角,完成此类加工内容。同时,五轴数控机床可以实现短刀具加工深型腔,有效提升系统刚性,减少刀具数量,避免专用刀具,扩大了通用刀具的使用范围,从而降低了生产成本。示意见图 4-1-9。

(a)短刀倾斜刀轴切削 (b)侧刃铣削

图 4-1-9 消除干涉,提升效率

3. 精度高,生产周期短

五轴数控机床通过主轴头偏摆进行侧壁加工,不需要多次装夹,有效减小定位误差,提高加工精度,并使生产制造链缩短。航空航天、汽车等领域,要求数控机床具备高柔性、高精度、高集成性和完整加工能力,五轴数控机床能很好解决新产品研发过程中复杂零件加工的精度和周期问题,大大缩短了研发周期,也提高了新产品的成功率。示意见图 4-1-10。

(a)箱体

(b)复杂模芯

(c)变斜面结构件

图 4-1-10　五轴加工典型件

三、刀轴矢量

刀轴矢量即刀轴控制方法,用户所选择的驱动方法不同,可采用的刀轴控制方式也不同。下面仅介绍五轴加工中最常见的几种控制方法。

1.远离点/朝向点

远离点是指通过指定一个聚点来定义投影矢量,定义的投影矢量以指定的点为起点,并指向工件的几何表面,形成放射状的投影形式,即:刀尖指向某点产生刀具轨迹。

朝向点是指通过指定一个聚点来定义投影矢量,定义的投影矢量以工件几何表面为起点,并指向定义的点,即:刀柄指向某点产生刀具轨迹。远离点/朝向点示意图见 4-1-11。

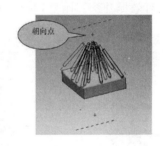

图 4-1-11　刀轴矢量:远离点/朝向点

2.相对于矢量

在指定一个固定矢量的基础上,通过指定刀轴相对于这个矢量的引导角度和倾斜角度来定义出一个可变矢量作为刀轴矢量。若只选矢量而不设置角度时,相当于垂直于矢量。

(1)前倾角:用于定义刀具沿刀具运动方向朝前或朝后倾斜的角度。前倾角为正值时,刀具基于刀具路径的方向前倾;前倾角为负值时,刀具基于刀具路径的方向朝后倾斜。

(2)侧倾角:用于定义刀具相对于刀具路径往外倾斜的角度。沿刀具路径看,侧倾角为正值时,刀具往刀具路径右边倾斜;侧倾角为负值时,刀具往刀具路径左边倾斜。侧倾角与前倾角不同,它总是固定在一个方向,并不依赖于刀具运动方向。示意见图 4-1-12。

3.垂直于部件/垂直于驱动体

垂直于部件使刀轴矢量在每一个接触点都垂直于工件的几何表面,而垂直于驱动体则是在每一个接触点处创建一个垂直于驱动曲面的可变刀轴,刀轴是跟随驱动曲面的,而不是跟随工件几何表面的。

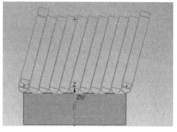

图 4-1-12　刀轴矢量:相对于矢量

4.插补矢量

"插补矢量"可让刀具实现随心所欲的摆动,"插补矢量"可定义任意的刀轴方向,灵活性非常大。在使用"插补矢量"时,要考虑机床行程和加工连贯性,"插值方法"最好设置为"光顺"。示意见图 4-1-13。

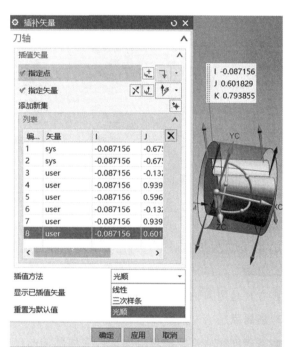

图 4-1-13　刀轴矢量:插补矢量

5.侧刃驱动体

在"侧刃驱动体"选项状态下,刀轴矢量是用驱动曲面的直纹线来定义的。这种类型的刀轴矢量可以使用刀具的侧刃加工驱动曲面,而加工零件几何表面时,由驱动曲面引导刀具侧刃,由零件几何表面引导刀尖,如果没有选用锥度刀,则刀轴矢量平行于直纹线。示意见图 4-1-14。

四、投影矢量

"投影矢量"是大多数驱动方法的公共选项,它确定驱动点投影到部件表面的方式,以及刀具接触部件表面的方向。驱动点沿投影矢量投影到部件表面上,刀具总是从投影矢量逼近的一侧定位到部件表面上。

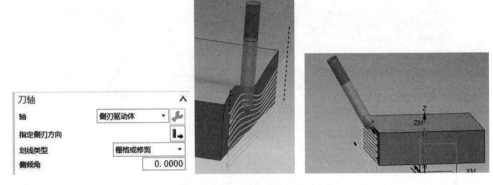

图 4-1-14　刀轴矢量:侧刃驱动体

在 UG NX 10.0 中,可变轴轮廓铣方式下一共有 10 种投影矢量定义方式,如图 4-1-15。下面简单介绍其中常见的几种投影矢量。

图 4-1-15　投影矢量方式

1. 指定矢量

定义"指定矢量"后,用户可用矢量构造器设定任意方向投影矢量,使用方式较灵活。

2. 刀轴

该方式是用刀轴矢量的相反方向作为投影矢量的。

3. 远离点

该方式创建从指定的焦点向部件表面延伸的投影矢量。此选项可用于加工焦点在球面中心处的内侧球形曲面。

4. 朝向点

该方式创建从部件表面延伸至指定焦点的投影矢量。此选项可用于加工焦点在球中心处的外侧球形(类球形)曲面。

5. 远离直线

该方式创建从指定直线延伸至部件表面的投影矢量。定义的投影矢量以指定直线为起点,垂直于该直线并指向部件表面。此选项可用于加工内部圆柱面,其中指定的直线作为圆柱中心线。

6. 朝向直线

该方式创建从部件表面延伸至指定直线的投影矢量。定义的投影矢量以部件表面为起点,指向指定的直线,并垂直于该直线。此选项可用于加工外部圆柱面,其中指定的直线作为圆柱中心线。

7. 垂直于驱动体

该方式创建相对于驱动曲面法线的投影矢量。只有在使用"曲面驱动"时此选项才可用。

8. 朝向驱动体

与"垂直于驱动体"投影方式类似。只是"垂直于驱动体"的投影从无穷远处开始,而"朝向驱动体"投影从距离驱动曲面较短的位置处开始,适用于加工工件的内表面。

接下来以"投影矢量"四个曲线字作为刀路驱动方法,刀轴统一设置为＋ZM 轴,见图 4-1-16。接着分别设置不同的投影矢量,会产生不同的刀路效果,具体见表 4-1-1。

图 4-1-16　"投影矢量"四个曲线字作为驱动线

表 4-1-1　不同投影矢量方式的刀路效果比对

序号	投影矢量	图示
1	刀轴	
2	指定矢量	

续表

序号	投影矢量	图示
3	朝向直线	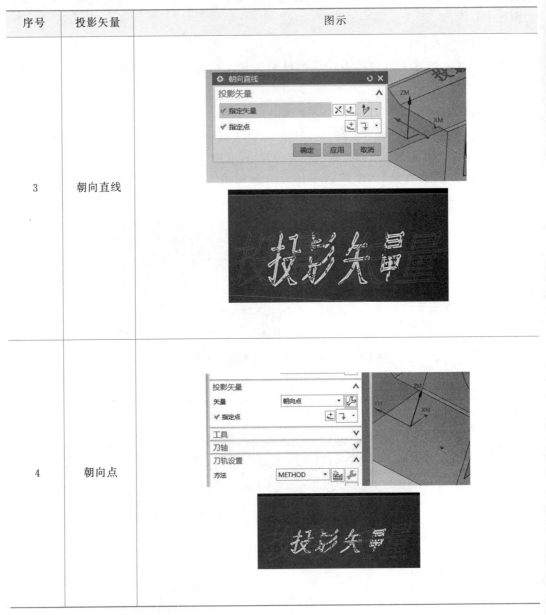
4	朝向点	

五、顺序铣

顺序铣加工是一种创建五轴精加工的方法,一旦使用"平面铣"或"型腔铣"对曲面进行粗加工,就可以使用"顺序铣"对曲面进行精加工。顺序铣加工主要用于高精度加工零件的侧壁,一般是为连续加工一系列边界相连的曲面而设计。在对刀轨的每个子操作进行高度控制时,通过使用三个、四个或五个刀具轴运动,"顺序铣"可以使刀具准确地沿曲面轮廓运动,见图4-1-17。

在顺序铣中,操作由子操作组成。子操作是单独的刀具运动,它们共同形成了完整的刀轨。第一个子操作通过"进刀运动"对话框来创建从起始点或进刀点到最初切削位置的刀具运动。其后的子操作通过"连续路径运动"对话框来创建从一个驱动曲面到下一个驱动曲面的切削序列,通过"退刀运动"对话框来创建远离部件的非切削运动,以及通过"点到点运动"对话框来创建退刀和进刀之间的移刀运动。

每个子操作都需要将刀具定位在驱动曲面、部件曲面和检查曲面的近侧、远侧,或者直接将刀具定位于这些曲面上。刀具是位于曲面的近侧还是远侧,取决于在"进刀运动"对话框中定义的"参考点"位置。

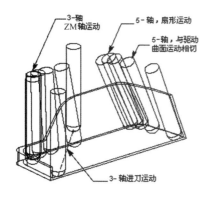

(a)刀轴摆动示意

(b)典型零件

图 4-1-17　顺序铣

【任务实施】

一、烟灰缸模型加工

一烟灰缸模型如图 4-1-18 所示,其内部含有倒扣特征,需在五轴机床上通过刀具摆动,实现内部特征加工。

图 4-1-18　烟灰缸模型

该零件可以选择内部曲面作为驱动面,刀轴选择"朝向点",实现刀具避让。其中"朝向点"中点位置的确定是程序编制的核心。

具体方法:分别在两个平面绘制两条与倒扣侧壁相切的直线,得到两直线的交点。选择最低交点再减去刀具直径作为编程中朝向点的点位即可,如图 4-1-19 所示。

图 4-1-19　加工参数设置

二、无人机结构件加工

图 4-1-20 所示为一无人机结构件模型。实际工艺分析如下：

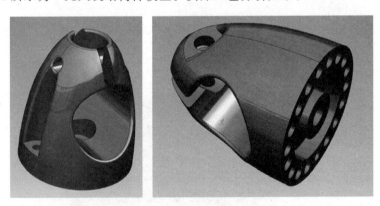

图 4-1-20　无人机结构件模型

1. 结构工艺性

该零件属于小型零件，材质为高强度航空铝 2A12，毛坯尺寸为 $\phi 25 \times 35$，属批量小型零件。该零件的结构特征多且制作精度要求较高。

2. 工艺过程

加工顺序为车削→钻削→铣削→磨削。铣削设计是工艺实现的难点，通过分析得出，优先选择五轴铣削(若现场无设备也可采用四轴铣削策略代替)，见表 4-1-2。

表 4-1-2 不同加工策略的对比

策略	优势	缺点	备注
三轴加工	不需专用设备,成本低廉	需要反复装夹,生产效率低,加工精度差,不适合批量零件	
四轴加工	能一次完成径向特征铣削	轴向特征需二次装夹	性价比高
五轴加工	一次装夹即可完成全部加工工艺,生产效率高	需五轴设备,五轴设备的投资成本高	稳定 高效

3. 设备与装夹

通过前述知识点学习,可知该零件宜采用摇篮式五轴数控机床。装夹使用零点快换夹具,见图 4-1-21。

4. 典型特征面多轴铣削策略

选择"深度加工 5 轴铣",对于倒扣侧壁,"刀具侧倾方向"设置成"远离点",通过自动侧倾角来实现刀具避让,降低装刀长度,如图 4-1-22 所示。无人机结构件的典型特征面的铣削刀路效果见图 4-1-23。

图 4-1-21 装夹方式　　图 4-1-22 多轴铣削加工设置

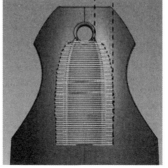

图 4-1-23 刀路效果

【效果评价】

项目名称	五轴加工		学生姓名	
任务名称	五轴加工概述			
序号	考核项目		分值	考核得分
1	概述五轴加工的优势		10	
2	是否有小组计划,课后是否进行自主学习		5	
3	对五轴加工机床的种类及结构形式的掌握情况		35	
4	对刀轴矢量各种控制方式的特点和适用场景的掌握情况		20	
5	对投影矢量的概念和相关方式,以及刀轴矢量 与投影矢量间关系的掌握情况		20	
6	学习汇报情况		5	
7	基本素养考核		5	
	总体得分			

教师简要评语:

教师签名:

【任务思考】

1.五轴机床有哪些结构？各自特点和应用场合是什么？

_____

_____

_____

_____

2. 五轴机床有哪些加工优势？

_____

_____

_____

_____

任务 4.2 3+2 定向加工

【情境导入】

本项目加工对象为某型号盘刀刀座,它的外形结构如图 4-2-1 所示。该零件刀片装夹部位需要铣削加工。通过定向分析,该零件可通过 3+2 定向加工实现。该如何安排数控加工工艺,确定加工方法与加工策略,是本任务学习的重点。

图 4-2-1 铣刀盘 　　　　　　　铣刀盘

【任务要求】

通过本任务的学习,需要达到以下学习目标:
(1)能判断零件需要 3+2 定向加工还是五轴联动加工;
(2)掌握 UG 软件中 3+2 定向加工方法;
(3)掌握刀路的编辑和变换。

【知识准备】

一、刀轴指定

五轴定向加工与四轴定向加工相似,指定具体刀轴方向后,机床会先移动至固定位置,再进行三轴的定向切削加工。刀轴指定方法主要通过设置"指定矢量"和"动态"来实现,见图 4-2-2。刀轴指定方法属三轴编程基本技能,此处不再赘述。

图 4-2-2 刀轴设定方式

二、UG 机床模拟

五轴数控机床的实际走刀轨迹复杂,参数设置不当会存在运动干涉、摆角超程、碰撞等一系列问题,因此实际加工编程中,最好调入机床模型进行相应的模拟仿真。

UG NX 10.0 中机床导入方式是在加工模块的机床视图下,右击"GENERIC_MACHINE"选择"编辑",即进入"通用机床"界面。添加方法与注意事项见表 4-2-1。

表 4-2-1　UG NX 10.0 通用机床添加与设置

步骤	操作要点	图示
1	在机床视图下,右击 GENERIC_MACHINE,选择"编辑"	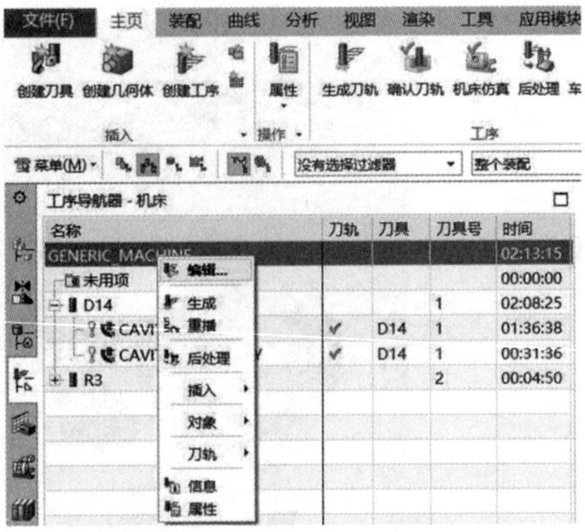
2	进入"通用机床"界面,选择"从库中调用机床",即可实现调用	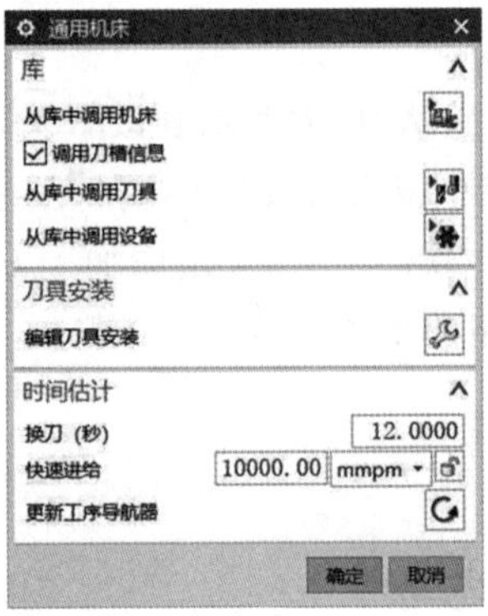
3	可选择铣床、车铣机床、车床、线切割等机床	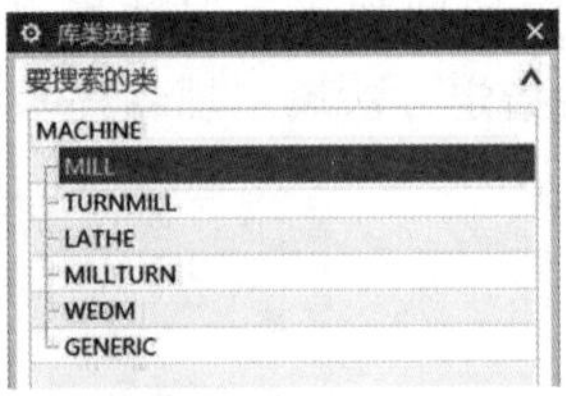

续表

步骤	操作要点	图示
4	例如，选择 MILL（铣床），铣床有三轴、四轴、五轴机床，有对应的公制和英制单位，根据需要选择相应机床即可	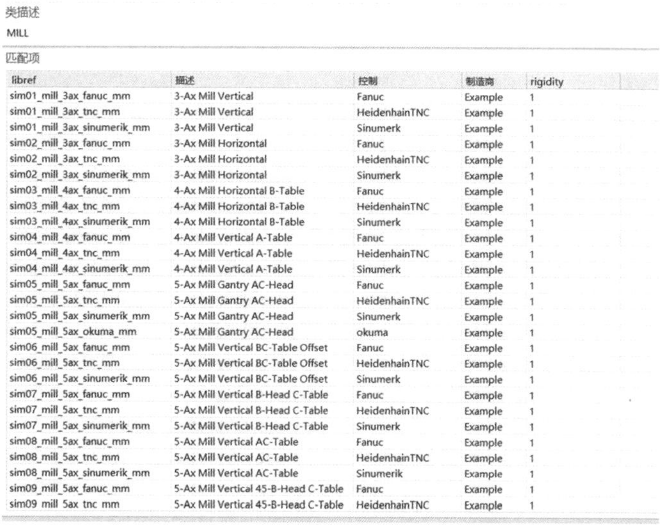
5	例如，添加公制（mm）、*AC* 轴摇篮式五轴机床	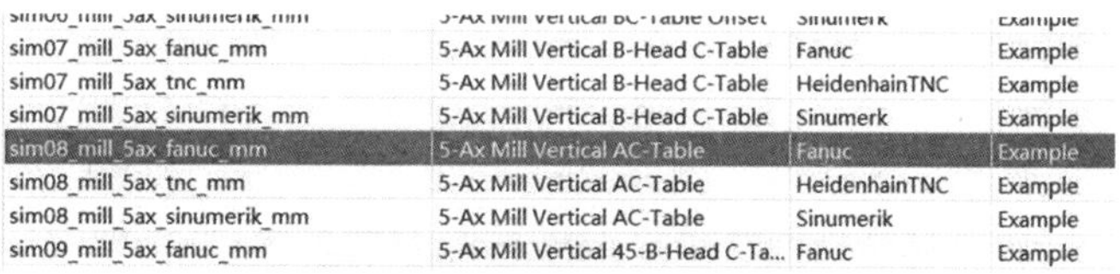 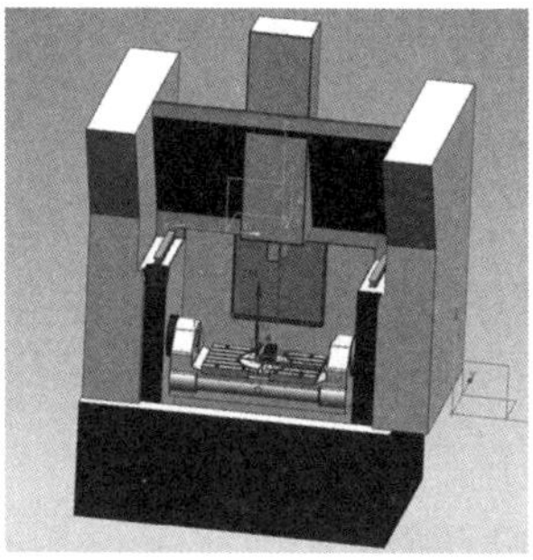
6	在机床导航器视图下，对各运动轴进行查看、设置、修改等操作	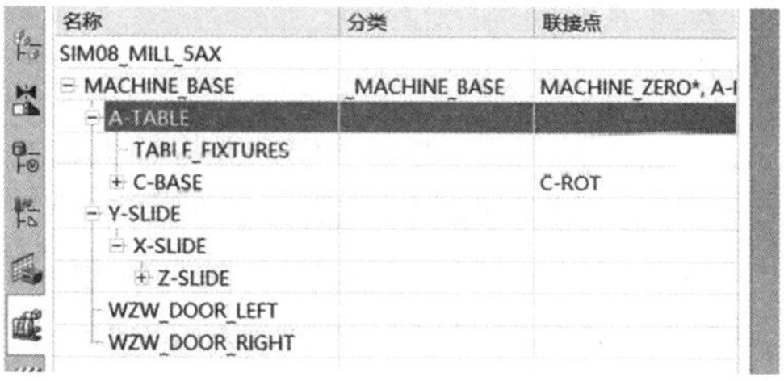

类描述

MILL

匹配项

libref	描述	控制	制造商	rigidity
sim01_mill_3ax_fanuc_mm	3-Ax Mill Vertical	Fanuc	Example	1
sim01_mill_3ax_tnc_mm	3-Ax Mill Vertical	HeidenhainTNC	Example	1
sim01_mill_3ax_sinumerik_mm	3-Ax Mill Vertical	Sinumerk	Example	1
sim02_mill_3ax_fanuc_mm	3-Ax Mill Horizontal	Fanuc	Example	1
sim02_mill_3ax_tnc_mm	3-Ax Mill Horizontal	HeidenhainTNC	Example	1
sim02_mill_3ax_sinumerik_mm	3-Ax Mill Horizontal	Sinumerk	Example	1
sim03_mill_4ax_fanuc_mm	4-Ax Mill Horizontal B-Table	Fanuc	Example	1
sim03_mill_4ax_tnc_mm	4-Ax Mill Horizontal B-Table	HeidenhainTNC	Example	1
sim03_mill_4ax_sinumerik_mm	4-Ax Mill Horizontal B-Table	Sinumerk	Example	1
sim04_mill_4ax_fanuc_mm	4-Ax Mill Vertical A-Table	Fanuc	Example	1
sim04_mill_4ax_tnc_mm	4-Ax Mill Vertical A-Table	HeidenhainTNC	Example	1
sim04_mill_4ax_sinumerik_mm	4-Ax Mill Vertical A-Table	Sinumerk	Example	1
sim05_mill_5ax_fanuc_mm	5-Ax Mill Gantry AC-Head	Fanuc	Example	1
sim05_mill_5ax_tnc_mm	5-Ax Mill Gantry AC-Head	HeidenhainTNC	Example	1
sim05_mill_5ax_sinumerik_mm	5-Ax Mill Gantry AC-Head	Sinumerk	Example	1
sim05_mill_5ax_okuma_mm	5-Ax Mill Gantry AC-Head	okuma	Example	1
sim06_mill_5ax_fanuc_mm	5-Ax Mill Vertical BC-Table Offset	Fanuc	Example	1
sim06_mill_5ax_tnc_mm	5-Ax Mill Vertical BC-Table Offset	HeidenhainTNC	Example	1
sim06_mill_5ax_sinumerik_mm	5-Ax Mill Vertical BC-Table Offset	Sinumerk	Example	1
sim07_mill_5ax_fanuc_mm	5-Ax Mill Vertical B-Head C-Table	Fanuc	Example	1
sim07_mill_5ax_tnc_mm	5-Ax Mill Vertical B-Head C-Table	HeidenhainTNC	Example	1
sim07_mill_5ax_sinumerik_mm	5-Ax Mill Vertical B-Head C-Table	Sinumerk	Example	1
sim08_mill_5ax_fanuc_mm	5-Ax Mill Vertical AC-Table	Fanuc	Example	1
sim08_mill_5ax_tnc_mm	5-Ax Mill Vertical AC-Table	HeidenhainTNC	Example	1
sim08_mill_5ax_sinumerik_mm	5-Ax Mill Vertical AC-Table	Sinumerik	Example	1
sim09_mill_5ax_fanuc_mm	5-Ax Mill Vertical 45-B-Head C-Table	Fanuc	Example	1
sim09_mill_5ax_tnc_mm	5-Ax Mill Vertical 45-B-Head C-Table	HeidenhainTNC	Example	1

sim06_mill_5ax_sinumerik_mm	5-Ax Mill Vertical BC-Table Offset	Sinumerk	Example
sim07_mill_5ax_fanuc_mm	5-Ax Mill Vertical B-Head C-Table	Fanuc	Example
sim07_mill_5ax_tnc_mm	5-Ax Mill Vertical B-Head C-Table	HeidenhainTNC	Example
sim07_mill_5ax_sinumerik_mm	5-Ax Mill Vertical B-Head C-Table	Sinumerk	Example
sim08_mill_5ax_fanuc_mm	5-Ax Mill Vertical AC-Table	Fanuc	Example
sim08_mill_5ax_tnc_mm	5-Ax Mill Vertical AC-Table	HeidenhainTNC	Example
sim08_mill_5ax_sinumerik_mm	5-Ax Mill Vertical AC-Table	Sinumerik	Example
sim09_mill_5ax_fanuc_mm	5-Ax Mill Vertical 45-B-Head C-Ta...	Fanuc	Example

名称	分类	联接点
SIM08_MILL_5AX		
MACHINE_BASE	_MACHINE_BASE	MACHINE_ZERO*, A-I
A-TABLE		
TABLE_FIXTURES		
C-BASE		C-ROT
Y-SLIDE		
X-SLIDE		
Z-SLIDE		
WZW_DOOR_LEFT		
WZW_DOOR_RIGHT		

步骤	操作要点	图示
7	根据实际机床参数，可设置 A 轴的摆动限制值	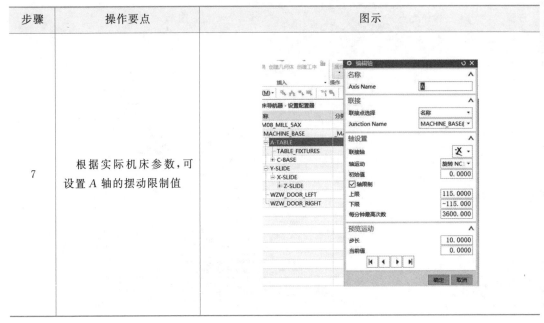

【任务实施】

1. 铣刀盘零件编程

铣刀盘零件的开粗可通过定向加工实现，该零件为回转体零件，实际编程中可定向加工一个部位，然后通过刀路转换功能实现其他区域的加工。具体操作步骤见表 4-2-2。

表 4-2-2　零件定向加工的操作步骤

步骤	操作要点	图示
1	创建毛坯； 进入加工环境； 创建加工坐标系（毛坯顶面中心）； 创建刀具（D12、Z3、D6）； 创建加工方法，如型腔铣开粗	

步骤	操作要点	图示
2	指定切削区域；指定刀轴方向（图示面法线方向）；其他参数设置同三轴加工策略	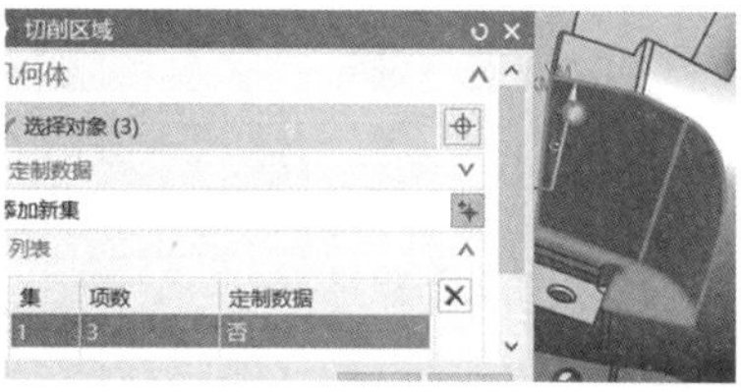 
3	生成一个部位的开粗刀路。实际加工时，A、C轴转至一固定位置后，再进行工件的开粗	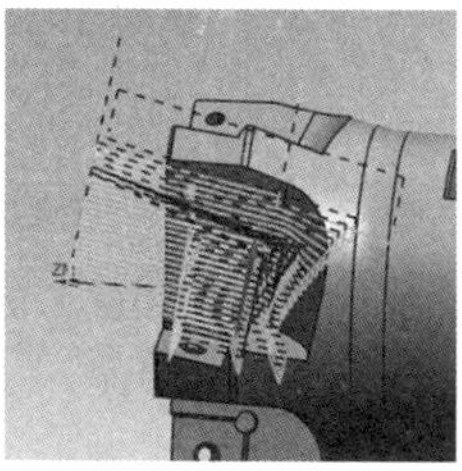 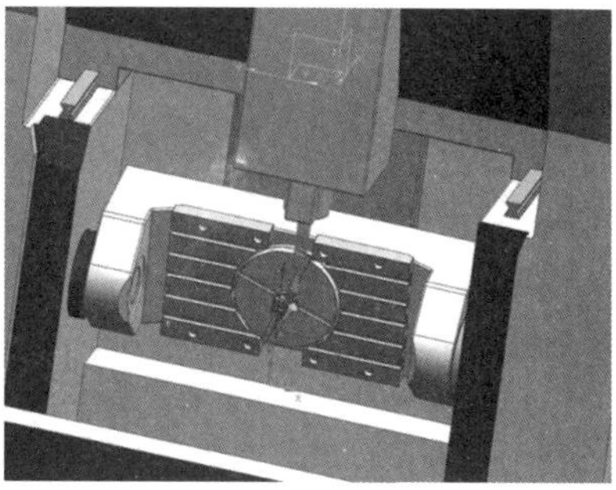
4	通过刀路变换（绕中心线旋转），实现其余部位的开粗刀路	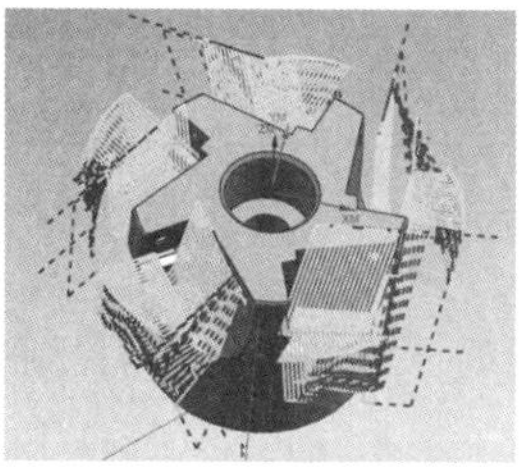
5	孔位加工，刀轴设置见图（实际加工机床设置了抬刀工序，每次抬刀至最高点）	 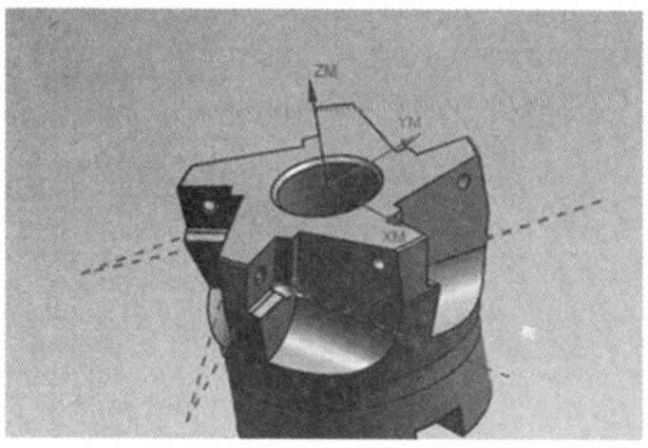

续表

步骤	操作要点	图示
6	换 D6 刀具,二次开粗	
7	通过刀路转换生成其余部位	
8	刀轴定向至斜面法向(设定合理退刀距离,防止干涉)	
9	其他特征面的精加工	策略与操作方法同三轴加工,此处不再演示

2. 举一反三

已知零件结构如图 4-2-3 所示,试确定合理的加工工序,编写完整的刀路程序。

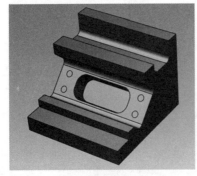

(a)底座

底座

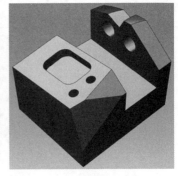
(b)异形件

异形件

图 4-2-3　结构件

【效果评价】

项目名称	五轴加工		学生姓名	
任务名称	3＋2定向加工			
序号	考核项目		分值	考核得分
1	对 UG 机床进行仿真模拟设置		20	
2	对机床摆角、机床极限等概念的掌握情况		20	
3	对知识点的掌握情况,课后习题程序的编写情况		50	
4	学习汇报情况		5	
5	基本素养考核		5	
总体得分				

教师简要评语:

教师签名:

【任务思考】

1.如何加载机床模型,并对刀路轨迹进行验证? 如何排查碰撞和干涉?

2.IPW 毛坯有什么优点? IPW 毛坯怎么设置?

◀ 任务4.3　五轴联动加工 ▶

【情境导入】

本任务加工对象为某型导流叶轮和涡轮,外形结构如图 4-3-1 和图 4-3-2 所示。

不管是什么设备上采用叶轮,它的目的都是实现能量在流体的动能和机械能之间转化。涡轮和叶轮有两种不同的功能,所起的作用也不一样。

一种是将流体的动能转换成机械能。例如涡轮发电机组,就是靠蒸汽或水流来冲击叶轮,使得叶轮旋转的,叶轮旋转带动发电机转子旋转,从而产生电流。整个过程就是流体的动能→叶轮旋转的机械能→电能的转换过程。

另外一种就是将机械能转化成流体的动能,起到给流体加速的作用。例如离心式空压机、汽车的涡轮增压系统等,靠电机带动叶轮高速旋转,高速旋转的叶轮叶片表面是符合流体力学原理的,流体接触叶片表面,然后随着叶轮的旋转顺着叶片表面流动,通常流体是从叶轮旋转的轴向进入,从径向出来,在叶轮旋转的离心力下流体被加速。这个过程就是旋转的机械能→流体的动能的转换过程。

导流叶轮俯视摆正工件后发现该叶轮背面存在倒扣,传统三轴机床不能加工该导流叶轮。实际加工中有两种策略可实现背面的铣削加工。一是,旋转一个角度至无干涉区域,通过 3+2 定向加工实现。二是,通过五轴联动加工实现。该如何安排加工工艺,确定合理的铣削策略,是本任务的学习重点。

导流叶轮

图 4-3-1　导流叶轮

图 4-3-2　涡轮

涡轮

【任务要求】

通过本任务的学习,需要达到以下学习目标:

(1)会判断零件需要 3+2 定向加工还是五轴联动加工;

(2)掌握 UG 软件中常见联动加工方法;

(3)深刻理解驱动方法、刀轴矢量与投影矢量之间的关系;

(4)掌握叶轮铣削模块的设置方法。

【知识准备】

NX 单独设置了叶轮铣削模块,分为 4 项功能:MULTI_BLADE_ROUGH(多叶片粗加工)、HUB_FINISH(轮毂精加工)、BLADE_FINISH(叶片精加工)和 BLEND_FINISH(圆角精加工)。且此模块只能用球头刀或牛鼻刀加工,见图 4-3-3。具体使用方法与参数设置稍后展开。

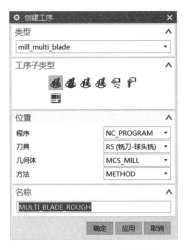

图 4-3-3 UG NX 叶轮模块

【任务实施】

1. 导流叶轮的加工

导流叶轮的外形见图 4-3-1,零件特征分析见表 4-3-1。

表 4-3-1 叶轮特征分析

步骤	特征分析	图示
1	叶轮侧壁存在倒扣,三轴机床不能实现加工,可采用 3+2 定向铣削也可采用五轴联动加工	
2	顶部空间曲面可采用定向铣削,但效率低下,加工质量不高	

步骤	特征分析	图示
3	叶轮内壁可采用定向铣削,但效率低下,加工质量不高	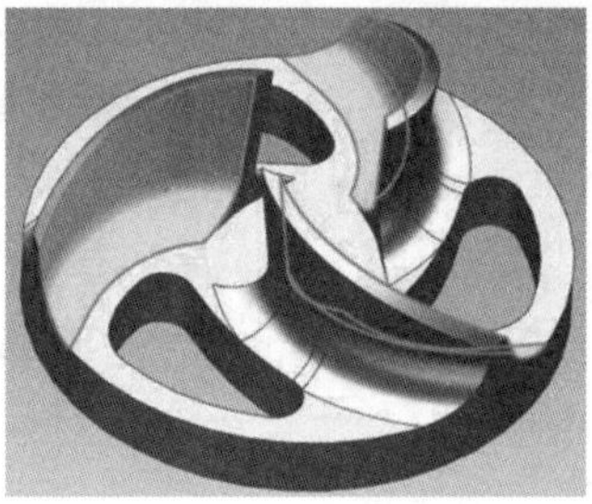

通过分析得知,该零件需要采用五轴机床进行铣削加工。开粗部分可通过 3+2 定向加工实现,顶部空间曲面采用曲面驱动方法,利用平底刀底刃铣削效率最高。叶片内壁和外壁均可用侧刃驱动通过五轴联动铣削实现高效率高质量加工。具体编程策略与加工步骤见表 4-3-2。

表 4-3-2　叶轮编程加工-操作步骤

步骤	操作要点	图示
1	创建毛坯; 进入加工环境; 创建加工坐标系(毛坯顶面中心); 创建刀具; 完成型腔铣开粗	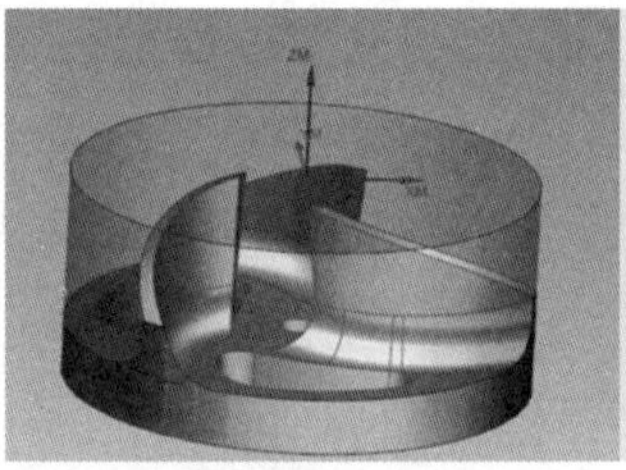 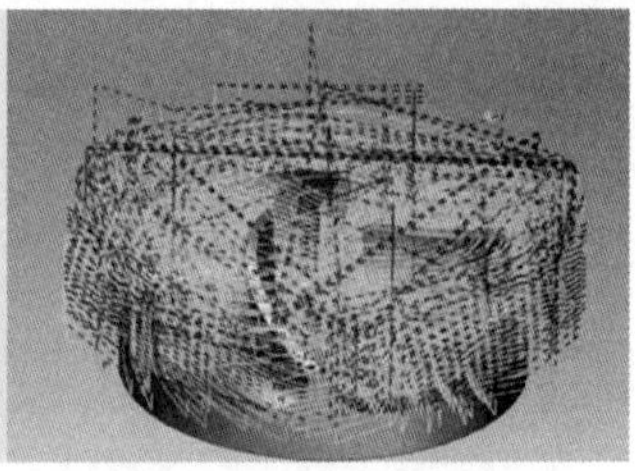
2	垂直侧壁加工(注意进退刀,防止干涉)	 
3	采用曲面驱动方法完成精加工	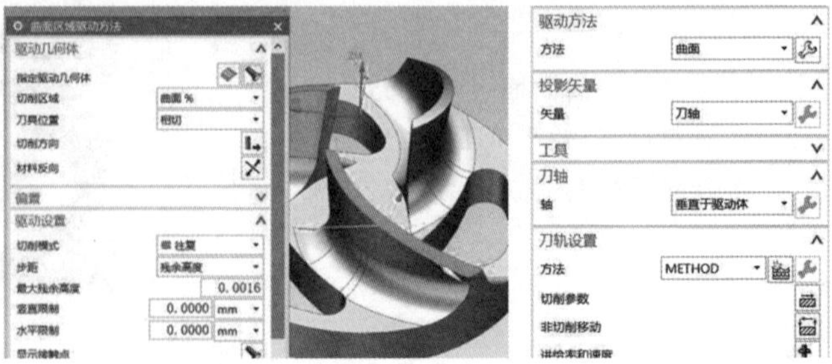

续表

步骤	操作要点	图示
4	通过刀路转换，生成整个顶面的精加工刀路	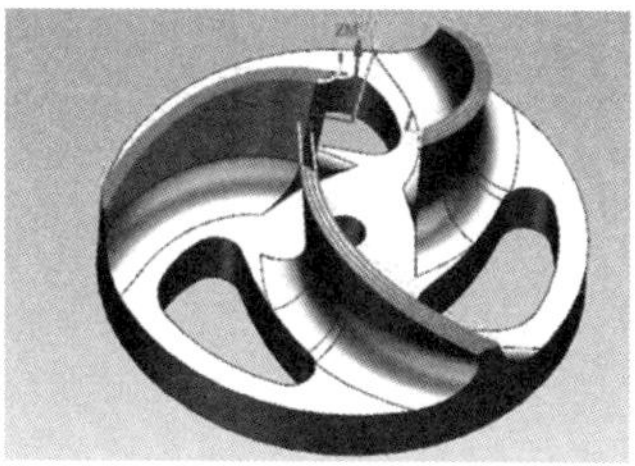
5	叶轮内壁精加工，选择曲面驱动方法。 刀轴设置为“侧刃驱动体”	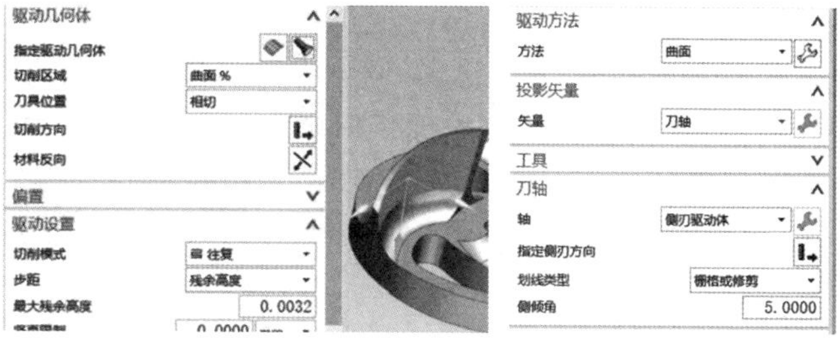
6	内壁精加工	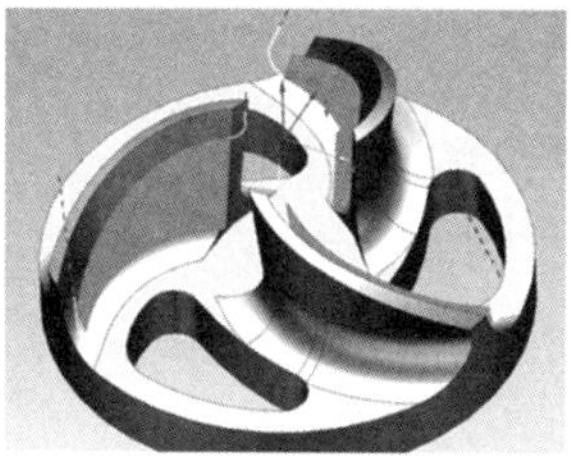
7	内倒角处精加工	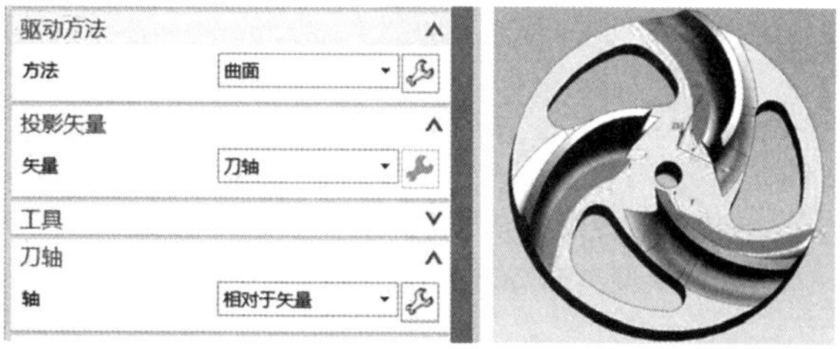
8	叶轮外侧壁精加工	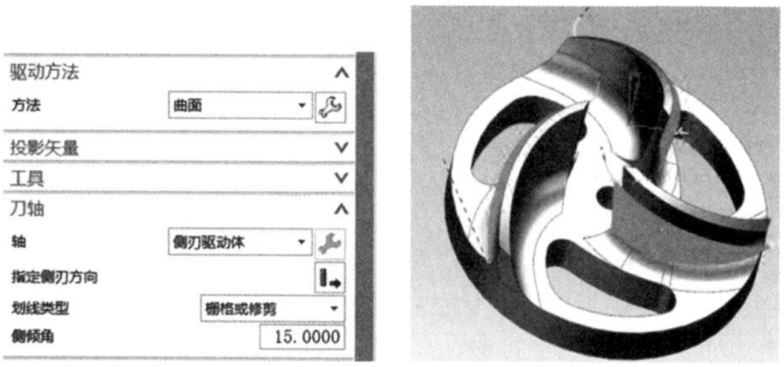

续表

步骤	操作要点	图示
9	外倒角精加工	

2. 涡轮加工

涡轮零件外形见图 4-3-2。该涡轮为典型叶轮形态,可采用 UG NX 10.0 中的叶轮模块进行编程加工。实际编程步骤与相关参数设置,见表 4-3-3。

表 4-3-3 叶轮模块操作步骤

步骤	操作要点	图示
1	创建毛坯； 创建加工坐标系； 进入叶轮铣削专用模块,选择叶片粗加工	
2	依次指定轮毂、包裹、叶片、叶根圆角和分流叶片	
3	进行叶片粗加工的相关参数设置	

续表

步骤	操作要点	图示
4	刀轴设置为自动,其他参数同三轴加工策略,生成开粗刀路	
5	刀路变换,生成整体开粗刀路	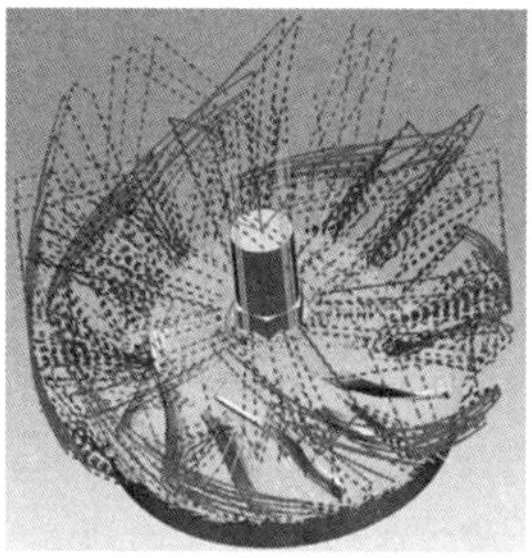
6	换小刀进行二次开粗,相关设置同前	
7	轮毂精加工	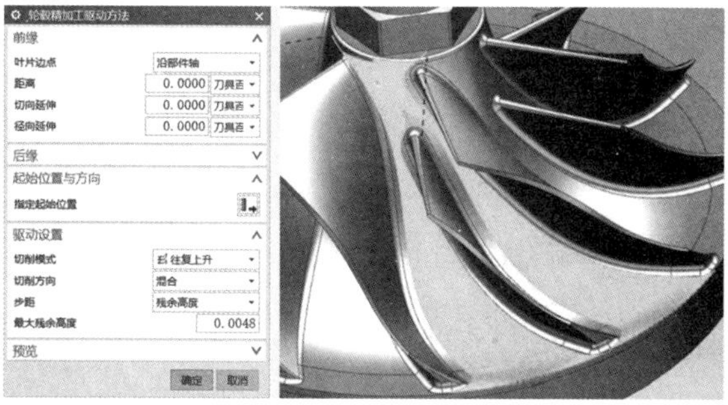
8	刀路变换,轮毂整体精加工	

步骤	操作要点	图示
9	叶片精加工	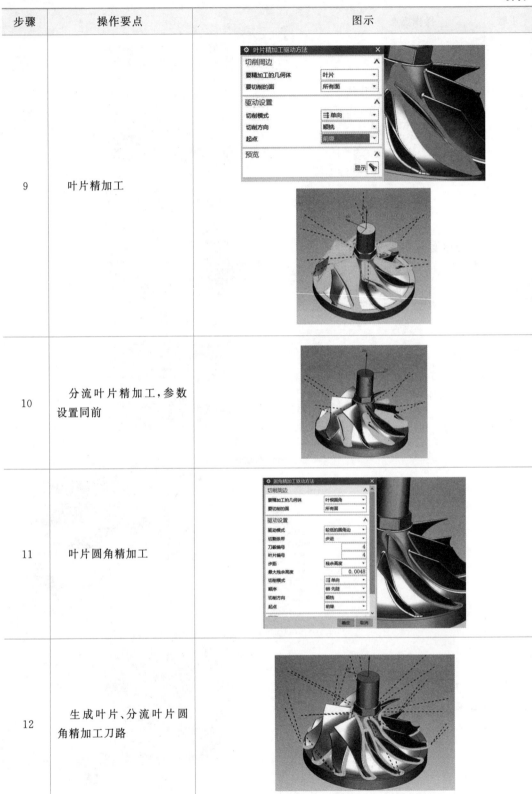
10	分流叶片精加工,参数设置同前	
11	叶片圆角精加工	
12	生成叶片、分流叶片圆角精加工刀路	

【效果评价】

项目名称	五轴加工	学生姓名	
任务名称	五轴联动加工		
序号	考核项目	分值	考核得分
1	五轴联动加工工艺的制定情况	20	
2	对联动加工编程技巧与参数设置的掌握	40	
3	对叶轮铣削模块和编程方法的掌握	30	
4	学习汇报情况	5	
5	基本素养考核	5	
	总体得分		

教师简要评语：

教师签名：

【任务思考】

根据零件结构,在叶轮铣削模块中轮毂、叶片、分流叶片如何确定?

_____

_____

_____

_____

_____

_____

课程思政案例

比亚迪：全球领先的新能源汽车制造商
——科技创新

比亚迪(BYD)汽车是一家总部位于中国广东省深圳市的全球新能源汽车制造商，它以自主研发的电动车、混合动力汽车和电池技术而著称。然而，比亚迪最初是一家生产镍镉电池的公司，公司创始人王传福决定将其业务扩展到汽车制造，力争成为全球领先的新能源汽车制造商之一。

比亚迪汽车的故事始于1995年，当时王传福成立比亚迪公司，并开始生产镍镉电池。但是，这个市场很快就变得过于拥挤，竞争十分激烈。为了公司的生存和发展，王传福开始探索其他领域的机会。

2002年，比亚迪着手研发和生产混合动力汽车，并于2008年推出第一款纯电动车型。这是比亚迪首次涉足汽车制造业，并开始向新能源汽车领域转型。随着比亚迪汽车的不断壮大，它的产品线也不断扩展。比亚迪已经推出了电动轿车、混合动力轿车、电动公交车、电动卡车和电动出租车等多个车型。2015年，比亚迪的销售额首次突破1000亿人民币，成为中国第三大汽车制造商。

除了在中国市场上的成功，比亚迪汽车还在全球范围内赢得了认可。截至2023年3月，比亚迪已经在40多个国家销售其汽车，并在全球范围内建立了多个生产基地。2019年，比亚迪成为全球最大的新能源汽车制造商之一，累计销售量超过220万辆。

比亚迪汽车的成功得益于公司对技术创新的持续投资。公司在研发和生产方面的投入占到了销售额的10%以上。在电动车领域，比亚迪已经获得了许多专利和技术奖项，包括2018年德国红点设计大奖和2019年世界领先科技奖。

比亚迪汽车的发展道路并不是一帆风顺的。公司曾经面临过生产和质量问题，但通过改进和创新，比亚迪汽车最终成为一家拥有全球影响力的企业。王传福称，比亚迪汽车的目标是在2030年前成为全球领先的汽车制造商。这也表明了公司在未来的发展计划和发展愿景。

比亚迪汽车的成功证明了技术创新是企业可持续发展的必要条件，作为一家国际化企业，比亚迪汽车将继续致力于技术创新和可持续发展，为推动全球汽车行业的发展做出贡献。

参考文献 CANKAOWENXIAN

[1] 北京兆迪科技有限公司. UG NX 10.0数控加工教程[M]. 北京:机械工业出版社,2015.

[2] 陈胜利,谢新媚,陆宇立,等. UG NV 8数控编程基本功特训[M]. 2版. 北京:电子工业出版社,2014.

[3] 贾广浩. 中文版UG NX数控编程完全学习手册[M]. 北京:清华大学出版社,2015.